Winfried Euba

Vernetzungen bei mathematischen Lernprozessen

VIEWEG+TEUBNER RESEARCH

Perspektiven der Mathematikdidaktik

Herausgegeben von:
Prof. Dr. Gabriele Kaiser, Universität Hamburg
Prof. Dr. Rita Borromeo Ferri, Universität Kassel
Prof. Dr. Werner Blum, Universität Kassel

In der Reihe werden Arbeiten zu aktuellen didaktischen Ansätzen zum Lehren und Lernen von Mathematik publiziert, die diese Felder empirisch untersuchen, qualitativ oder quantitativ orientiert. Die Publikationen sollen daher auch Antworten zu drängenden Fragen der Mathematikdidaktik und zu offenen Problemfeldern wie der Wirksamkeit der Lehrerausbildung oder der Implementierung von Innovationen im Mathematikunterricht anbieten. Damit leistet die Reihe einen Beitrag zur empirischen Fundierung der Mathematikdidaktik und zu sich daraus ergebenden Forschungsperspektiven.

Winfried Euba

Vernetzungen bei mathematischen Lernprozessen

Eine Fallstudie im Unterricht der gymnasialen Oberstufe

Mit einem Geleitwort von Prof. Dr. Gabriele Kaiser

VIEWEG+TEUBNER RESEARCH

Bibliografische Information der Deutschen Nationalbibliothek
Die Deutsche Nationalbibliothek verzeichnet diese Publikation in der
Deutschen Nationalbibliografie; detaillierte bibliografische Daten sind im Internet über
<http://dnb.d-nb.de> abrufbar.

Dissertation Universität Hamburg, Juli 2011

1. Auflage 2012

Alle Rechte vorbehalten
© Vieweg+Teubner Verlag | Springer Fachmedien Wiesbaden GmbH 2012

Lektorat: Ute Wrasmann | Britta Göhrisch-Radmacher

Vieweg+Teubner Verlag ist eine Marke von Springer Fachmedien.
Springer Fachmedien ist Teil der Fachverlagsgruppe Springer Science+Business Media.
www.viewegteubner.de

Das Werk einschließlich aller seiner Teile ist urheberrechtlich geschützt. Jede Verwertung außerhalb der engen Grenzen des Urheberrechtsgesetzes ist ohne Zustimmung des Verlags unzulässig und strafbar. Das gilt insbesondere für Vervielfältigungen, Übersetzungen, Mikroverfilmungen und die Einspeicherung und Verarbeitung in elektronischen Systemen.

Die Wiedergabe von Gebrauchsnamen, Handelsnamen, Warenbezeichnungen usw. in diesem Werk berechtigt auch ohne besondere Kennzeichnung nicht zu der Annahme, dass solche Namen im Sinne der Warenzeichen- und Markenschutz-Gesetzgebung als frei zu betrachten wären und daher von jedermann benutzt werden dürften.

Umschlaggestaltung: KünkelLopka Medienentwicklung, Heidelberg
Gedruckt auf säurefreiem und chlorfrei gebleichtem Papier

ISBN 978-3-8348-1909-3

Geleitwort

Die Dissertation von Winfried Euba zum Thema „Vernetzungen bei mathematischen Lernprozessen – eine Fallstudie im Unterricht der gymnasialen Oberstufe" steht im Kontext der Forderung nach einer Neuorientierung des Mathematikunterrichts hin zu einem nachhaltigen, für die Lernenden bedeutungsvollen Lernen. Solche Forderungen werden allenthalben erhoben, ohne dass genügend überzeugende und praktisch erprobte konzeptionelle Vorschläge entwickelt werden. Diese Lücke schließt die Arbeit mit einer im Rahmen langjähriger unterrichtlicher Praxis entwickelten Fallstudie, die im besten Sinne als Action Research bezeichnet werden kann.

Die Dissertation knüpft an dem vielbeklagten Schubladendenken von Schülerinnen und Schülern an, die meist keine Beziehungen zwischen den verschiedenen mathematischen Themengebieten herstellen und sich häufig nur Wissen für die nächste Klassenarbeit aneignen. Eine Ursache dieses Phänomens sind fehlende Angebote für sinnkonstituierende Zusammenhänge zwischen den einzelnen Themengebieten, die den Lernenden im Unterricht oft nicht eröffnet werden. Dieses Phänomen ist nicht neu, schon zu Beginn des 20. Jahrhunderts hat der berühmte Mathematiker Felix Klein Vorschläge zur Fusionierung der mathematischen Themengebiete in der Schule und deren Gruppierung um zentrale Ideen entwickelt.

An der oben skizzierten Kritik setzt die Fallstudie von Winfried Euba an und entwickelt auf langfristige Unterrichtsprozesse angelegte unterrichtliche Vorschläge zur Vernetzung der in der gymnasialen Oberstufe vermittelten mathematischen Themengebiete der Analysis, Linearen Algebra und Stochastik. Diese Unterrichtsvorschläge werden in einer die gesamte Studienstufe umfassenden Fallstudie auf ihre Auswirkungen auf die Schülerinnen und Schüler untersucht. Insbesondere die in der Arbeit als Mittel zur Evaluation der Schülervorstellungen verwendeten Concept Maps beinhalten ein hohes kognitives Potential und erweisen sich als geeignet, selbstreflexive Lernprozesse anzustoßen. Darüber hinaus zeigt die Studie aber auch Probleme der Lernenden mit der Vernetzung der im Unterricht angebotenen Inhalte auf und eröffnet damit Möglichkeiten zur Veränderung der Unterrichtspraxis.

Insgesamt erscheint die Arbeit damit geeignet, der Diskussion zu Vernetzungen in mathematischen Lernprozessen entscheidende Impulse zu geben. Die besonderen Stärken der Arbeit und ihre daraus resultierende

Überzeugungskraft liegen m.E. in der engen Verbindung der Ergebnisse der Studie mit der Schulpraxis, insbesondere mit Mathematikunterricht in „Normalsituationen". Studien dieser Art gibt es sowohl in der Mathematikdidaktik als auch in den Erziehungswissenschaften viel zu wenige.

Hamburg, September 2011   Gabriele Kaiser

Danksagungen

Bei der Erarbeitung der vorliegenden Dissertation habe ich vielfältige Unterstützung sowie Förderung erfahren.

An erster Stelle ist dabei Frau Prof. Dr. Gabriele Kaiser zu nennen. Sie hat mein Forschungsvorhaben mit viel Kompetenz, Energie und auch Geduld begleitet. Sie war mir im wahrsten Sinne des Wortes eine Doktormutter, die meine krankheitsbedingt zunehmend eingeschränkte Leistungsfähigkeit einerseits geduldig getragen hat, andererseits mit ihrer sehr zielorientierten Betreuung mir die notwendigen Impulse gab, die Arbeit nach über zehn Jahren doch noch erfolgreich abzuschließen. Dafür möchte ich mich bei ihr von ganzem Herzen bedanken.

Besonderer Dank gebührt auch Prof. Dr. Meinert Meyer und Dr. Marcus Schütte für ihre Zeit und Bereitschaft, die vorliegende Arbeit zu begutachten.

Bedanken möchte ich mich bei den Mitgliedern des Forschungskolloquiums von Prof. Dr. Kaiser. Sie alle haben mir über die vielen Jahre in durchaus kritischen, aber immer freundschaftlichen Diskussionen wichtige Hinweise und Anregungen gegeben. Vor allem habe sie mir immer wieder aufs Neue den notwendigen Durchhaltewillen gestärkt. Besonders herausheben möchte ich dabei Dr. Andreas Busse und Dr. Jens Weitendorf, die mich in vielen Phasen der Promotion durch kritische Rückmeldung unterstützt haben, sowie Nikolai Redlich, der mich bei Recherche- und Formatierungsarbeiten unterstützt hat.

Als Grundlage meiner Forschungsarbeit diente Lernmaterial aus dem Leistungskurs Mathematik am Gymnasium Sankt-Ansgar-Schule, Hamburg. Ich danke den Schülerinnen und Schülern außerordentlich, dass sie sich auf dieses Experiment eingelassen und sich als „Versuchspersonen" für die „Messung" von vernetztem Denken zur Verfügung gestellt haben. In diesem Zusammenhang ist die Interview-Leistung von Frau Natalie Ross hervorzuheben: Mit ihrer besonderen Begabung ist es ihr gelungen, den Schülerinnen und Schülern wertvolle Informationen zu entlocken.

Herrn Werner Renz von der Behörde für Schule und Berufsbildung danke ich dafür, dass er mir gerade in der Endphase der Arbeit, bei der ich dann auch noch krankheitsbedingt des öfteren pausieren musste, den Rücken freigehalten hat.

Ebenfalls danke ich dem Schulleiter der Sankt-Ansgar-Schule, Herrn Stolze.

Bedanken möchte ich mich auch bei Herrn Thomas Sick von Text & Satz für den professionellen Satz meines nicht ganz einfachen Manuskriptes. Er hat es in diese ansprechende Form gebracht.

Besonders danken möchte ich auch meinem familiären Umfeld: Meinem Bruder Dr. Norbert Euba, der mich gerade in der Endphase der Promotion intensiv unterstützt hat, sowie meinem Freundeskreis, insbesondere Niels Kittel, der mir bei den vielfältigen technischen Fragen stets geholfen hat, aber auch Paul Linger und Bernd Malkowski, die immer für mich da waren.

Insbesondere möchte ich mich auch noch bei meinem Arzt, Prof. Dr. Arning bedanken, der es mir durch seinen unermüdlichen Einsatz ermöglicht hat, doch noch das Projekt Promotion erfolgreich abzuschließen. Nicht zuletzt hat er durch den Besuch meiner Disputation sein persönliches Interesse verdeutlicht.

Winfried Euba

Inhaltsverzeichnis

Geleitwort V
Danksagungen VII
Tabellenverzeichnis XI
Abbildungsverzeichnis XIII

1. Einleitung 1

2. Stand der Diskussion und theoretischer Rahmen zu Vernetzungen beim mathematischen Lernen 5
   2.1 Neurophysiologische Grundlagen von Vernetzungen beim mathematischen Lernen 5
   2.2 Rolle und Bedeutung von Vernetzungen in der mathematikdidaktischen Diskussion 9
   2.3 Arbeiten aus Naturwissenschaftsdidaktik und Systemtheorie 18
   2.4 Entwicklung eines eigenen theoretischen Rahmens zur Vernetzung 20

3. Beschreibung des Unterrichtsprojekts 23
   3.1 Beschreibung des Unterrichtsprojekts und der Unterrichtsmaterialien 23
   3.2 Kritischer Rückblick 42

4. Methodologie und methodisches Vorgehen 45
   4.1 Theoretische Verortung im qualitativen Design 46
   4.2 Eigenes methodisches Vorgehen 48

5. Eigene Ergebnisse 67
   5.1 Fallbeispiel Christine als Prototyp vernetzten Wissens 68
       5.1.1 Analysis 68
       5.1.2 Lineare Algebra 75
       5.1.3 Stochastik 82
       5.1.4 Typeinordnung 88
       5.1.5 Überprüfung 90

5.2 Fallbeispiel Peter als Prototyp vernetzten Wissens 93
    5.2.1 Analysis 94
    5.2.2 Lineare Algebra 99
    5.2.3 Stochastik 105
    5.2.4 Typeinordnung 111
    5.2.5 Überprüfung 114

5.3 Fallbeispiel Thomas als Prototyp unvernetzten Wissens 115
    5.3.1 Analysis 115
    5.3.2 Lineare Algebra 122
    5.3.3 Stochastik 129
    5.3.4 Typeinordnung 135
    5.3.5 Überprüfung 137

5.4 Fallbeispiel Kati als Prototyp mittleren Grades von vernetztem Wissen 140
    5.4.1 Analysis 140
    5.4.2 Lineare Algebra 146
    5.4.3 Stochastik 152
    5.4.4 Typeinordnung 158
    5.4.5 Überprüfung 160

5.5 Fallbeispiele Sarah und Paddy als abweichende Fälle ... 162

6. Unterrichtliche Relevanz der Studie und mögliche Konsequenzen 169

    6.1 Unterrichtliche Relevanz der Studie 169
    6.2 Fallstudien zur Evaluation von Vernetzung 170

7. Literaturverzeichnis. 185

Tabellenverzeichnis

Tabelle 2-1	Framework for Scientific Literacy	19
Tabelle 2-2	Stufen des begrifflichen Verständnisses	21
Tabelle 3-1	Verteilung der Themenbereiche auf die Halbjahre	24
Tabelle 3-2	Gliederung des Themenbereichs „Analysis"	27
Tabelle 3-3	Vorwort des Themenbereichs „Analysis"	28
Tabelle 3-4	Tabelle zu den Funktionstypen	29
Tabelle 3-5	Anpassungsmöglichkeiten von Funktionen	30
Tabelle 3-6	Beispiele zu Grundvorstellungen	30
Tabelle 3-7	Theoretische Fundierung zur „Stochastik"	41
Tabelle 4-1	Gestaltungsvorschrift für Concept Maps	50
Tabelle 4-2	Die drei zentralen Concept Maps und ihre verwendeten Begriffe	51
Tabelle 4-3	Datensatz pro Schüler/Schülerin	53
Tabelle 4-4	Klausur-Aufgaben	54
Tabelle 4-5	Stufen des begrifflichen Verständnisses	56
Tabelle 4-6	Indikatoren für das begriffliche Niveau	57
Tabelle 4-7:	Zuordnung der Prototypen zu den Idealtypen	65
Tabelle 5-1	Begriffe in Christines Concept Map „Lineare Algebra"	75
Tabelle 5-2	Begriffe in Christines Concept Map „Stochastik"	82
Tabelle 5-3	Begriffe in Christines Concept Map „Lineare Algebra"	99
Tabelle 5-4	Begriffe in Peters Concept Map „Stochastik"	105
Tabelle 5-5	Begriffe in Thomas' Concept Map „Lineare Algebra"	122
Tabelle 5-6	Begriffe in Thomas' Concept Map „Stochastik"	129
Tabelle 5-7	Begriffe in Katis Concept Map „Lineare Algebra"	147
Tabelle 5-8	Begriffe in Katis Concept Map „Stochastik"	152
Tabelle 6-1	Evaluationstabelle	172
Tabelle 6-2	Evaluationstabelle zu Schüler(in) A	175
Tabelle 6-3	Evaluationstabelle zu Schüler(in) B	177
Tabelle 6-4	Evaluationstabelle zu Schüler(in) C	179
Tabelle 6-5	Evaluationstabelle zu Schüler(in) D	181
Tabelle 6-6	Intendierte Vernetzung in Klasse 11	181

Abbildungsverzeichnis

Abbildung 3-1	Aufgabe „Anwendung und Modellierung"	32
Abbildung 3-2	Projektaufgabe	33
Abbildung 3-3	1. Beispiel für Plakat zu linearen Strukturen	35
Abbildung 3-4	2. Beispiel für Plakat zu linearen Strukturen	36
Abbildung 3-5	Zettel zum Ausfüllen	37
Abbildung 3-6	Concept Map zur „Milchtütenaufgabe"	38
Abbildung 3-7	Aufgabe zur „Computertomographie"	39
Abbildung 4-1	Visualisierung von Vernetzungen durch Concept Maps	49
Abbildung 4-2	Auswertungs-Boxplot	62
Abbildung 4-3	Mehrfeldertafel zu Dimensionen von Idealtypen	63
Abbildung 4-4	Idealtypen von Vernetzungen beim Wissen	64
Abbildung 5-1	Concept Map „Analysis" von Christine	70
Abbildung 5-2	Auswertungs-Boxplot „Analysis" zu Christine	74
Abbildung 5-3	Concept Map „Lineare Algebra" von Christine	78
Abbildung 5-4	Auswertungs-Boxplot „Lineare Algebra" zu Christine	81
Abbildung 5-5	Concept Map „Stochastik" von Christine	84
Abbildung 5-6	Auswertungs-Boxplot „Stochastik" zu Christine	87
Abbildung 5-7	Zusammenschau der Auswertungs-Boxplots zu Christine	88
Abbildung 5-8	Zusammenschau der Concept Maps von Christine	89
Abbildung 5-9	Christine als Prototyp für vernetztes Wissen	90
Abbildung 5-10	Concept Maps als Klausuraufgabe zum Themenbereich „Stochastik"	91
Abbildung 5-11	Concept Map „Analysis" von Peter	93
Abbildung 5-12	Visualisierung des Ableitungs- und Integralbegriffs von Peter im Interview	96
Abbildung 5-13	Ideen zu Ableitungsregeln von Peter im Interview	97
Abbildung 5-14	Auswertungs-Boxplot „Analysis" zu Peter	98
Abbildung 5-15	Concept Map „Lineare Algebra" von Peter	102
Abbildung 5-16	Auswertungs-Boxplot „Lineare Algebra" zu Peter	104
Abbildung 5-17	Concept Map „Stochastik" von Peter	107
Abbildung 5-18	Auswertungs-Boxplot „Stochastik" zu Peter	110
Abbildung 5-19	Zusammenschau der Auswertungs-Boxplots zu Peter	111

Abbildung 5-20	Zusammenschau der Concept Maps von Peter	112
Abbildung 5-21	Peter als Prototyp für vernetztes Wissen	113
Abbildung 5-22	Concept Map „Analysis" von Thomas	118
Abbildung 5-23	Darstellung des Integrals von Thomas in Interview	119
Abbildung 5-24	Visualisierung der Integraldefinition von Thomas im Interview	120
Abbildung 5-25	Auswertungs-Boxplot „Analysis" zu Thomas	122
Abbildung 5-26	Concept Map „Lineare Algebra" von Thomas	125
Abbildung 5-27	Auswertungs-Boxplot „Lineare Algebra" zu Thomas	129
Abbildung 5-28	Concept Map „Stochastik" von Thomas	132
Abbildung 5-29	Auswertungs-Boxplot „Stochastik" zu Thomas	135
Abbildung 5-30	Zusammenschau der Auswertungs-Boxplots zu Thomas	136
Abbildung 5-31	Thomas als Prototyp für unvernetztes Wissen	137
Abbildung 5-32	Concept Map „Analysis" von Kati	142
Abbildung 5-33	Auswertungs-Boxplot „Analysis" zu Kati	146
Abbildung 5-34	Concept Map „Lineare Algebra" von Kati	149
Abbildung 5-35	Auswertungs-Boxplot „Lineare Algebra" zu Kati	152
Abbildung 5-36	Concept Map „Stochastik" von Kati	154
Abbildung 5-37	Auswertungs-Boxplot „Stochastik" zu Kati	158
Abbildung 5-38	Zusammenschau der Auswertungs-Boxplots zu Kati	158
Abbildung 5-39	Zusammenschau der Concept Maps von Kati	159
Abbildung 5-40	Kati als Prototyp mittleren Grades von vernetztem Wissen	160
Abbildung 5-41	Concept Map 1 „Stochastik" von Kati	161
Abbildung 5-42	Concept Map 2 „Stochastik" von Kati	162
Abbildung 5-43	Grad der Vernetzung	163
Abbildung 5-44	Zusammenschau der Auswertungs-Boxplots zu Sarah	164
Abbildung 5-45	Grad der Vernetzung bei Sarah	165
Abbildung 5-46	Zusammenschau der Auswertungs-Boxplots zu Paddy	167
Abbildung 5-47	Grad der Vernetzung bei Paddy	167
Abbildung 6-1	Schüler(in) A Concept Map 1	173
Abbildung 6-2	Schüler(in) B Concept Map 2	175
Abbildung 6-3	Schüler(in) C Concept Map 3	177
Abbildung 6-4	Schüler(in) D Concept Map 4	180
Abbildung 6-5	Concept Map eines Lernenden aus Klasse 11	182

1 Einleitung

Die in der vorliegenden Arbeit untersuchten Fragestellungen entstanden aus meiner langjährigen Arbeit als Lehrer. Ich habe mir oft die Frage gestellt, warum die Schülerinnen und Schüler so wenige Beziehungen zwischen den verschiedenen mathematischen Themengebieten herstellen, woher das vielbeschworene Schubladendenken der Schülerinnen und Schüler kommt, das dazu führt, dass Wissen nur bis zur nächsten Klassenarbeit parat ist, dass aber keine Beziehungen zwischen den großen Themengebieten des Mathematikunterrichts in der Oberstufe gezogen werden. Des Weiteren habe ich mich gefragt, woher es kommt, dass die Anwendung des Gelernten auf realitätsbezogene Beispiele vielen Schülerinnen und Schülern so schwer fällt, warum zwischen der Mathematik und der Realität keine Beziehung gesehen wird.

Diese Fragen drängten sich mir in meiner mehr als zwanzigjährigen Praxis als Lehrer an einer Schule mit einer Fülle unterschiedlicher Schülerinnen und Schüler auf und wiesen für mich darauf hin, dass es einen gemeinsamen Kern dieser verschiedenen Probleme geben muss, nämlich, dass Schülerinnen und Schüler kein vernetztes Denken erwerben, sondern isolierte Wissensstrukturen, die kognitiv nicht vernetzt sind. Angeregt durch Arbeiten aus der Kognitionspsychologie habe ich mir die Frage gestellt, was eigentlich vernetztes Wissen im Mathematikunterricht sein kann, wie man evaluieren kann, ob Schülerinnen und Schüler über vernetztes Wissen verfügen. Insbesondere hat mich interessiert, wie man im Unterricht Vernetzungen fördern kann durch geeignete Materialien beispielsweise oder durch geeignete Strukturierung von Unterricht.

Zur Beantwortung dieser Fragen habe ich für den Mathematikunterricht der gymnasialen Oberstufe eine Unterrichtskonzeption entworfen mit selbst entwickelten Unterrichtsmaterialien, die zwischen den einzelnen großen Themengebieten wie Analysis oder Lineare Algebra sowie zu inner- und außermathematischen Fragestellungen Vernetzungen explizit herstellen. Diese Unterrichtskonzeption habe ich in einem Leistungskurs Mathematik an einem Gymnasium über zwei Jahre hinweg selbst durchgeführt und begleitend evaluiert, die Studie ist also im klassischen Sinne eine Action Research Studie. Dabei liegt der Fokus der Studie auf den von den Schülerinnen und Schülern selbst hergestellten Vernetzungen. Es geht also weniger darum, welche Vernetzungen theoretisch möglich sind, sondern welche Vernetzungen die an der Studie beteiligten Schülerinnen und Schüler für sich individuell hergestellt haben. Als ein zentrales Ergebnis der Studie ist anzusehen, dass Vernetzungen stark individuell geprägt sind, zwar vom Unterrichtsgang bzw. den Unterrichtsmaterialien beeinflusst, nicht aber davon determiniert. Von daher ergab sich die Notwendigkeit, individuelle Zugänge zu den Vernetzungen der Schülerinnen und Schüler zu finden, wodurch eine qualitative Orientierung der Studie sich geradezu zwingend ergab. Neueste Arbeiten zu diesem Feld stammen aus der kognitiven Neurowissenschaft und haben aufgrund ihres Laborcharakters weniger Bezüge zur Unterrichtswirklichkeit (siehe Stern, Schneider, 2010). Angesichts der starken Situations- und Kontextabhängigkeit der von Lernenden tatsächlich hergestellten Vernetzungen vertrete ich die Position, dass Studien zur Vernetzungen beim mathematischen Lernen nicht ausschließlich in Laborstudien durchgeführt werden können, sondern auch in der unterrichtlichen Praxis angesiedelt sein sollten, um in realiter zu untersuchen, wie und unter welchen Bedingungen die Schülerinnen und Schüler vernetzt mathematisch lernen

Die Ergebnisse dieser Studie werden in der vorliegenden Arbeit dargestellt. Dabei beschreibe ich im zweiten Kapitel den Stand der Diskussion zu Vernetzungen beim mathematischen Lernen. Zu Beginn meiner Studie Ende des 20. Jahrhunderts bzw. Anfang des 21. Jahrhunderts existierte durchaus eine nennenswerte Diskussion zu dem Thema Vernetzungen beim mathematischen Lernen, allerdings wurde diese Diskussion nicht fortgeführt, so dass man heute von keinem hohen Theoriestand sowie von einem nur geringen Erkenntnisstand bzgl. der empirischen Umsetzungen von Vernetzungen beim mathematischen Lernen ausgehen kann. Ich beschreibe in diesem Kapitel verschiedene Stränge der Diskussion, einerseits aus dem Bereich von neurophysiologischen Grundlagen des Lernens, andererseits aus dem Bereich der Mathematikdidaktik, und zwar sowohl aus historischer wie aus aktueller Perspektive. Auf der Basis von Arbeiten aus der Systemtheorie und der Naturwissenschaftsdidaktik entwickele ich am Ende des Kapitels einen eigenen theoretischen Ansatz zu Vernetzungen beim mathematischen Lernen.

Im dritten Kapitel wird die unterrichtliche Konzeption dargestellt, die ich zur Förderung von Vernetzungen beim mathematischen Lernen entwickelt habe und die meinem eigenen Unterricht zugrunde gelegen hat. Dabei werden sowohl die Materialien beschrieben und die intendierte Vernetzung anhand von Beispielen verdeutlicht als auch der Unterrichtsgang dargestellt.

1. Einleitung

Im vierten Kapitel zur Methodologie und methodischem Vorgehen wird das Design der Studie ausführlich dargestellt und in das qualitative Paradigma eingeordnet. Dabei werden die verschiedenen empirischen Zugänge zu den von den Schülerinnen und Schülern individuell hergestellten Vernetzungen beschrieben. Als zentral erwiesen sich in diesem Zusammenhang von den beteiligten Lernenden angefertigte Concept Maps, in denen sie die individuell hergestellten Beziehungen zwischen einzelnen mathematischen Begriffen sowie außermathematischen Anwendungen wie auf einer „geistigen Landkarte" veranschaulicht haben. Die Kombination mit auf diese Concept Maps Bezug nehmenden Interviews bildet die zentrale Datengrundlage meiner Studie und erlaubt mir die Entwicklung von verschiedenen Typen von Vernetzungen. Dabei greift die Typenbildung auf zwei Dimensionen zurück, die Art des Verständnisses der einschlägigen Sachverhalte, wobei die Stufen nominales Verständnis, funktionales Verständnis (Faktenwissen), konzeptionelles Verständnis (Strukturwissen), multidimensionales Verständnis unterschieden werden. Die zweite Dimension bezieht sich auf die eingenommene Perspektive, also inwieweit in der Art einer globalen Sichtweise eine Makro-Perspektive auf das begriffliche Umfeld eingenommen wird oder eher in einer lokalen Sicht eine Mikro-Perspektive dominiert. Diese beiden Dimensionen werden zur Entwicklung von Idealtypen verwendet.

Im fünften Kapitel werden die Ergebnisse der empirischen Studie ausführlich dargestellt. Dabei werden drei Idealtypen vernetzten Wissens entwickelt, nämlich der Typ vernetztes Wissen, der aus einer Makroperspektive Beziehungen zwischen den verschiedenen mathematischen und außermathematischen Themengebieten herstellt und über ein umfassendes, sog. multidimensionales Begriffsverständnis verfügt. Der Typ mittlerer Grad der Vernetzung ist durch eine sowohl als Makro- als auch als Mikro-Sicht geprägte Auffassung der Themengebiete geprägt, wobei dieser Idealtyp sowohl über ein funktionales als auch ein konzeptionelles Begriffsverständnis verfügt. Der Typ des unvernetzten Wissens ist durch eine Mikro-Sicht auf die Themengebiete charakterisiert, wobei das Begriffsverständnis entweder rein funktional oder sogar nur nominal ist. Diese Idealtypen werden durch vier als Prototypen anzusehende Lernende veranschaulicht, die deutlich machen, wie sich diese Idealtypen vernetzten Denkens individuell realisieren. Vier weitere Fälle komplettieren die Darstellung.

Im letzten Kapitel wird ein Ausblick gegeben, in dem die Relevanz der Studie für die Schulpraxis sowie Möglichkeiten der Erhebung von Vernetzungen des mathematischen Wissens bei den Lernenden deutlich werden. Dazu wird ein kurzer Fragebogen zur Erhebung der kognitiven Struktur der Lernenden vorgestellt, der geeignet erscheint, Vernetzungen mathematischen Wissens von Seiten der Lernenden mit wenig Aufwand zu erheben.

Insgesamt erhoffe ich mir von der Arbeit Konsequenzen für die Schulpraxis, für die es angesichts der öffentlichen Diskussion um Veränderungen im Schulwesen hoffentlich einen Platz gibt.

2 Stand der Diskussion und theoretischer Rahmen zu Vernetzungen beim mathematischen Lernen

Im folgenden Kapitel werden der Stand der Diskussion und der theoretische Rahmen zu Vernetzungen beim mathematischen Lernen, welcher der Arbeit zugrunde liegt, dargestellt. Dabei werden zunächst Studien aus dem Bereich der Neurophysiologie dargestellt, die neurophysiologische Grundlagen des Lernens beschreiben, wobei sich die Darstellung auf Arbeiten beschränkt, die für das Thema der Studie, Vernetzungen beim mathematischen Lernen, von Bedeutung sind und zentrale Erkenntnisse zur Herstellung von Vernetzungen im Gehirn entwickelt haben. Diese Erkenntnisse dienen als Basis für eine Definition des Vernetzungsbegriffs.

Anschließend wird der Stand der Diskussion innerhalb der Mathematikdidaktik dargestellt, der den zentralen Fokus dieses Kapitels bildet. In einem dritten Teil werden Arbeiten aus der Naturwissenschaftsdidaktik und der Systemtheorie beschrieben, welche die Basis für die Entwicklung des eigenen theoretischen Rahmens bilden, der am Ende des Kapitels entwickelt wird.

2.1 Neurophysiologische Grundlagen von Vernetzungen beim mathematischen Lernen

Arbeiten aus dem Bereich der Neurophysiologie liefern zentrale Erkenntnisse darüber, wie Vernetzungen im Gehirn hergestellt und entwickelt werden. Dabei beschränke ich mich im Folgenden auf allgemein zugängliche Arbeiten, insbesondere beziehe ich mich auf Arbeiten von Spitzer (2004, 2003, 1997, 1996), der darin sowohl den einschlägigen Stand der Diskussion zusammenfassend darstellt, als auf der Basis dieser Arbeiten mögliche Konsequenzen für den Schulunterricht, insbesondere den Mathematikunterricht, skizziert, die für meine Studie relevant sind. Für eine allgemeinere Übersicht zu diesen Aspekten verweise ich auf ZDM, Heft 6, 2010, das sich ausschließlich mit neurophysiologischen Studien zum Lernen von Mathematik beschäftigt. Besonders verweise ich dabei auf den einleitenden Überblicksartikel (Stern, Schneider, 2010), der die Entwicklung dieser Diskussion beschreibt.

2. Stand der Diskussion

Gemeinsam ist den für meine Arbeit einschlägigen Studien, dass sie folgende Aspekte zur Entwicklung von Vernetzungen betonen:

- Vernetzungen sind der Arbeitsweise des Gehirns angepasst,
- Vernetzungen helfen den Alltag zu bewältigen,
- Die Netzwerke im Gehirn verschiedener Menschen sind verschieden.

Nach Wolf (2005) wurde inzwischen in neurophysiologischen Untersuchungen eine relativ genaue Vorstellung dazu entwickelt, wie Informationsverarbeitung in unserem Gehirn abläuft und wie im Gehirn Wissen gespeichert wird. Die in den einschlägigen Studien entwickelten Modelle basieren auf direkten Messungen am Gehirn, auf Computer-Simulationen für bestimmte Teilaspekte (z.B. mittels neuronaler Netzwerke) und auf Denk-Modellen, die oft auf jahrzehntelangen Erfahrungen fußen.

Nach Spitzer (1996) werden Informationen auf so genannten Karten gespeichert. Informationsteile, die im Erfahrungsbereich eines Menschen zusammengehören, speichert das Gehirn nahe beieinander. Damit sind sie sofort „greifbar", wenn eine benachbarte Information abgerufen wird. Beim Speichern werden mit der Zeit automatisch Regeln entwickelt, die den Ort des Speicherns der Informationen mit enthalten. Dabei geht man von einem vernetzten System solcher Karten aus, wie Spitzer im Folgenden ausführt:

> Im Kortex[1] wird Information modular verarbeitet. Damit ist es eindeutig nicht der Fall (wie gelegentlich behauptet wurde), dass das gesamte Gehirn als ein einziges homogenes neuronales Netzwerk aufzufassen ist. Es liegen vielmehr neuronale Netze als Karten vor, die ihrerseits mit anderen neuronalen Karten zusammen geschaltet, vernetzt sind. (SPITZER, 1996, S. 123)

Entsprechend diesen Vorstellungen passen sich Netzwerke langfristig den Eingangssignalen an und bilden deren allgemeine Struktur ab. Daher erscheint es sinnvoll, diese Struktur vernetzt anzubieten. Da beim Vorgang des Erinnerns an einen Sachverhalt im Gehirn auch der Bereich nahe der Erinnerungsstelle mit angesprochen wird, sind sofort mehrere Begriffe, Sachverhalte, Eigenschaften im Gedächtnis zugänglich, die bei

---

[1] Der Kortex ist die äußere Schicht (Rinde) des Großhirns, in der sich die Nervenzellen befinden. Darunter liegen vor allem Fasern, die Nervenzellen verbinden. (Nach SPITZER, 1996, S. 343).

2.1 Neurophysiologische Grundlagen

sinnvollen Vernetzungen mit dem erinnerten Sachverhalt zusammenhängen; es steht also ein Arbeitsumfeld zur Informationsbearbeitung bereit.

Vernetzungen fördern das Wiederholen bereits im Gehirn zugänglicher Sachverhalte, daher ist Wiederholung für das Lernen unerlässlich: Dabei lernt der Kortex langsam und im Wesentlichen durch repetitive Verarbeitung von Reizen. Das Gehirn ist unter speziellen Voraussetzungen auch in der Lage, diese Wiederholung selbst durchzuführen. Wird ein (subjektiv) interessantes Ereignis im Hippocampus[2] gespeichert, so wird dieses Wissen quasi "off-line" dem Kortex wiederholt angeboten, der Hippocampus fungiert dann als Trainer des Kortex (Spitzer, 1996, S. 221). Die Speicherkapazität des Hippocampus ist jedoch beschränkt. Interessante Einzelereignisse können also auch den Lernprozess fördern. Ich komme darauf weiter unten noch einmal zurück.

Haken, Haken-Krell (1997) beschreiben, wie das Gehirn Daten abspeichert und dass dabei der Zugriff in unterschiedlicher Reihenfolge erfolgt, in Abhängigkeit von früheren Aufrufen dieser Teile. Diese Erkenntnisse wurden mittels Laborstudien gewonnen, wobei als Modell für die Arbeit des Gehirns Netzwerke in Verbindung mit einer Art Landkarten fungieren:

> „Die Neuronen der ersten Ebene sind dabei miteinander nicht verknüpft. Dagegen sollen von der ersten Schicht zu den Neuronen der zweiten Schicht im Laufe der Zeit synaptische Verbindungen aufgebaut werden. Unter den Neuronen der zweiten Schicht sollen hingegen Verbindungen bestehen, die die Eigenschaft haben, dass ein angeregtes Neuron die benachbarten Neuronen ebenfalls aktiviert, weiterentfernte hingegen hemmt." (Haken und Haken-Krell, 1997, S. 214)

Eine Vernetzung, die aus verschiedenen Gründen nicht gepflegt wird, verschwindet also langsam aus dem schnellen Zugriff mit entsprechenden Konsequenzen.

Wie bereits erwähnt schlägt Spitzer in seinem Werk „Lernen und die Schule des Lebens" mögliche Konsequenzen für den Mathematikunterricht vor. Dabei bezieht er sich auf Arbeiten von Butterworth (1999) und Dehaene (1997), die in der Mathematikdidaktik insbesondere in den letzten Jahren auf breiterer Ebene zur Kenntnis genommen wurden (siehe das bereits erwähnte ZDM Heft 6, 2010). Spitzer (2003) befasst sich zunächst mit der Speicherung von Zahlen, aber dann auch mit der Notwen-

---

2 Der Hippocampus ist ein entwicklungsgeschichtlich alter Hirnteil. Er integriert Informationen aus verschiedenen Kanälen und ist für deren Speicherung wesentlich. (Nach Spitzer, 1996, S. 341).

digkeit ihrer Vernetzung, die auf vielerlei Weisen geschehen kann, z.B. im Hinblick auf die Mathematik, die als Wissenschaft von Strukturen gesehen wird, durch Vermittlung von strukturellen Beziehungen, aber auch besonders um Beispiele aus Lebensbereichen (Spitzer 2003, S. 263). In der Praxis des Mathematikunterrichts neigen viele Lehrerinnen und Lehrer jedoch dazu, einzelne Regeln und Verfahren zu vermitteln, ohne sie mit anderen in Verbindung zu setzen:

> Gerade im Mathematikunterricht ist es besonders wichtig, von dem „Durchgehen von Stoff" abzusehen und immer wieder Probleme anzupacken, um den Schülern zu vermitteln, was es heißt, ein Problem mathematisch anzugehen. (Spitzer 2003, S.269)

Insbesondere die mathematische Modellierung bzw. mathematische Beschreibung von Realität erfordert ein stark vernetztes Denken, da zunächst einmal verwendbare Rechenverfahren ausgewählt werden müssen, bevor Bezüge zur außermathematischen Welt hergestellt werden. Das erfordert zwingend eine vertiefte Kenntnis von Rechenverfahren, Algorithmen etc. und einen souveränen Umgang mit diesem. Faktenwissen, im Falle der Mathematik, also präzise Kenntnis von Formeln und Algorithmen, ist angesichts der breiten Verfügbarkeit von Rechnern heute weniger wichtig, wichtig ist jedoch eine Vorstellung der Einsatzmöglichkeiten und der Reichweite der Verfahren, so dass man für eine Mathematisierung im Rahmen eines Modellbildungsprozesses geeignete Fakten und Algorithmen berücksichtigen und auswählen kann.
So formuliert Spitzer (2003, S. 275):

> „Gerade in der Mathematik ist also die so viel zitierte Vernetzung der zu lernenden Inhalte von größter Bedeutung. Man sieht überhaupt nur, was Mathematik kann und wofür sie gut ist, wenn man ihre Allgemeingültigkeit einmal verstanden hat."

Wie bereits erwähnt, entsprechen Vernetzungen der Arbeitsweise des Gehirns, wobei dies nicht bedeutet, dass jeder Mensch einen Sachverhalt in derselben Weise vernetzt wie ein anderer. Vernetzung geschieht im Gehirn besonders im Bezug auf bereits vorhandene Erfahrungen, vorhandenes Wissen. Daher sieht das Netzwerk, das etwa das mathematische Wissen repräsentiert, bei jedem Lernenden anders aus. Insbesondere wird es nicht eine Kopie des in der Lehrperson vorhandenen Wissensnetzes sein. Daraus ergeben sich unmittelbare Konsequenzen für schulischen Unterricht und machen die Notwendigkeit der Individualisierung des Lernprozesses deutlich, insbesondere wenn man die beschriebene modulare Struktur der Informationsverarbeitung berücksichtigt. Abschließend möchte ich darauf hinweisen, dass die Arbeiten von Spitzer in einem größeren Kontext eingebettet sind, nämlich in auf Arbeiten aus der Neurodidaktik. Diese Ansätze beanspruchen, didaktische bzw. pädagogische Konzepte unter wesentlicher Berücksichtigung der Erkenntnisse der Neurowissenschaften und insbesondere der neueren Hirnforschung zu entwickeln. Diese Arbeiten enthalten m.E. zwar viel Potential, allerdings machen sie auch die aktuell noch recht kontroverse und im übrigen oft wenig schulnahe Erkenntnisbasis deutlich. Es gibt darüberhinaus aus pädagogischer Seite die nicht unberechtigte Kritik, dass die bisher vorgelegten neurodidaktischen Methoden oder Konzepte im Kern nicht neu seien, sondern formulierten mit einer neuen Begrifflichkeit um, was seit längerem (zum Teil seit der Reformpädagogik Anfang des 20. Jahrhunderts) zum Methodenrepertoire der Allgemeinen Didaktik und pädagogischen Psychologie zähle. Ich gehe daher auf diese Ansätze im Folgenden nicht weiter ein, sondern konzentriere mich auf die didaktische Rolle der Vernetzungen im Mathematikunterricht.

2.2 Rolle und Bedeutung von Vernetzungen in der mathematikdidaktischen Diskussion

Im Folgenden werden Arbeiten aus der Mathematikdidaktik zur Rolle und Bedeutung von Vernetzungen beim mathematischen Lernen dargestellt. Sie bestätigen die eher allgemeinen Erkenntnisse der Neurophysiologie auch für das Lernen von Mathematik und geben darüber hinaus Anregungen, wie man im Unterricht Vernetzungen fördern kann. Dabei finden sich erste Ansätze zur Forderung nach Herstellung von Vernetzungen bereits in den schultheoretischen Arbeiten von Wilhelm von Humboldt, die er in seinen Überlegungen zur Reform des Schulwesens bereits um 1800 formulierte. Ähnliche Forderungen zur Herstellung von Vernetzungen im Mathematikunterricht wurden auch von Felix Klein in seinen *Meraner Lehrplänen* vorgetragen, die als einen Meilenstein für den Unterricht in Mathematik und Naturwissenschaften anzusehen sind. Weiterentwicklung dieser Ansätze finden sich in den Arbeiten von Hans Freudenthal und Heinrich Winter. Des Weiteren werden im Folgenden Arbeiten aus der Mitte der neunziger Jahre des 20. Jahrhunderts vorgestellt, die sich intensiv mit Vernetzungen im Mathematikunterricht auseinander gesetzt haben und dazu geführt haben, dass Vernetzungen inzwischen in mathematische Schulbücher gelangt sind. Allerdings blieb der Begriff recht vage und wurde bis in neuerer Zeit nicht präzise definiert oder theoretisch konzeptualisiert. Insbesondere ist festzustellen, dass die Diskussion um Vernetzungen im Mathematikunterricht nach einer gewissen Blüte in den neunziger Jahren des zwanzigsten Jahrhunderts kaum fortgesetzt wurde, so dass sich die Studie hauptsächlich auf Arbeiten aus dieser Zeit bezieht.

Wilhelm von Humboldt entwickelte bereits vor ca. 200 Jahren in den *Königsberger Schulplänen* Vorschläge für eine Reform des Schulwesens, die zwar nicht praktisch umgesetzt wurden, aber Vorschläge und Ansätze zum Sinn und Zweck des Lernens enthalten, die auch noch aus heutiger Sicht hochaktuell sind. So stellt von Humboldt die Rolle des Erlernens des Lernens in den Vordergrund und wendet sich stark gegen eine Vermittlung unverstandener Regeln und Formeln. Er konkretisiert dies für den Mathematikunterricht in der Forderung nach einer Vernetzung der Rechenverfahren mit den zugrundeliegenden theoretischen Grundlagen, da die Begründungen für ein Rechenverfahren den Umgang mit dem Verfahren, also z.B. das Abwandeln eines Verfahrens, erheblich erleichtern würden. Beim Auswendiglernen der Rechenvorgänge wäre ansonsten jedes abgewandelte Verfahren für die Lernenden wie ein neues Verfahren. Wichtig war also für Humboldt das Verständnis von mathematischen Zusammenhängen, wobei er Vernetzungen mit der Realität eher skeptisch gegenüber stand, möglich hielt er sie allenfalls gegen Ende der Schulzeit; aber: „das Reine lasse man rein". (Humboldt, 1920, S. 282)

Dabei wurde damals – weder von Humboldt noch 100 Jahre später – nicht von Vernetzungen gesprochen, vielmehr wurden andere Begriffe verwendet. Felix Klein verwendete in den von ihm maßgeblich vorangetriebenen Meraner Lehrplänen dafür als Begriffe *Zusammenhang, Zusammenfassung, Übersicht* und *Fusion*. So nannte er das Zusammenlegen von Algebra und Arithmetik „Fusion", da viele der verwendeten Methoden übereinstimmen. Die beiden mathematischen Teilgebiete sind also im heutigen Sprachgebrauch „vernetzt". Damit entsteht ein Überblick über das Ganze (Felix Klein, 1968b, S.2), dessen Relevanz Klein eindrucksvoll schildert. Erstaunlich zeitgemäß sind Kleins Vorstellungen zur Lehrerausbildung, in denen er vorschlägt, dass der angehende Lehrer im Hochschulstudium Orientierung erfahre über so manche allgemeinen wichtigen Dinge, die er im späteren Berufsleben tatsächlich gebrauche. Damit erwirbt der zukünftige Lehrer eine globale Sicht auf die Schulmathematik, was Klein theo-

2.2 Rolle und Bedeutung von Vernetzungen

retisch und an Hand vieler Beispiele schildert (Felix Klein, 1968b, S.2ff). Da gibt es die „Fusion der Arithmetik und Geometrie", wobei Arithmetik die gesamte Algebra enthält und die Analysis (s.o.). Und mit „Geometrie" ist die ebene und räumliche Geometrie gemeint. Verbindungen innerhalb der Geometrie sowie Erläuterungen geometrischer Sachverhalte durch Methoden der Arithmetik lassen einen Überblick (d.h eine globale Sicht) hinsichtlich der Geometrie entstehen und eine mehr lokale Sicht auf die Arithmetik. Ein solches Netzwerk will Klein bei den Lehrpersonen, die seine Vorlesungen hörten bzw. seine Bücher lasen, initiieren, damit diese *einst im reichen Maße lebendige Anregungen für Ihren eigenen Unterricht* mitnehmen können (Felix Klein, 1968a, S.2ff). Diese Fortbildungsmaßnahmen waren ein zentraler Punkt zur Übernahme der geplanten Neuerungen im Bereich der Schulmathematik.

Diese Umgestaltungen des Bildungssystems entstanden im Kontext der zweiten industriellen Revolution, die in Deutschland im Zuge der Umwandlung des Agrarstaates in eine industrielle Großmacht einen großen Bedarf an Ingenieuren hervorbrachte, den die Schul- und Universitätsausbildung jedoch nicht liefern konnte. Insbesondere fehlte eine adäquate mathematische Bildung, insbesondere auch bei den Lehrkräften. Bedeutend ist in diesem Zusammenhang, dass Mathematik erst durch die Meraner Beschlüsse in 1904 ein gegenüber den klassischen Sprachen gleichberechtigtes Fach wurde, jedenfalls am (humanistischen) Gymnasium. Bis dahin wurde als „Bildung" hauptsächlich der erfolgreiche Abschluss besonders in den alten Sprachen angesehen. Insgesamt wurde auch am Gymnasium viel auswendig gelernt, was wohl auch zu Kleins Vernetzungsüberlegungen geführt hat. So trat er auch für einen genetischen Aufbau des Mathematikunterrichts ein. Das Ziel müsse sein,

> „den Lehrgang mehr als bisher dem natürlichen Gange der geistigen Entwicklung anzupassen, überall an den vorhandenen Vorstellungskreis [der Schüler] anzuknüpfen, die neuen Kenntnisse mit dem vorhandenen Wissen in organische Verbindung zu setzen, endlich den Zusammenhang des Wissens in sich und mit dem übrigen Bildungsstoff der Schule von Stufe zu Stufe mehr und mehr zu einem bewussten zu machen." (Meraner Lehrpläne für Mathematik, 1907, S. 208)

Klein setzte also auf mannigfaltige Vernetzungen, die letztlich dem Lernen auch Sinn geben.

Besonders zu betonen ist in diesem Zusammenhang, dass Klein um die Individualität der Schüler und ihres Aufbaus von Vernetzungen wusste und entsprechend handeln wollte.

Klein ging aber noch weiter in den Vorstellungen, wie sich „Vernetzungen" entwickeln: Er schreibt von *seelischen Vorgängen* im Knaben, auf welche der Lehrer Rücksicht nehmen muss. Der Lehrer packt nach Klein das Interesse nur, wenn er Inhalte *in anschaulich fassbarer Form* darbietet. Der Ausgangspunkt des Lernens soll die Anschauung sein.[3]

Der Ansatz der „Vernetzung" wurde Ende der letzten Jahrtausendwende auch im Bereich der Mathematikdidaktik häufiger diskutiert, dann wurde es weitgehend still um diesen Begriff. Allerdings ist der Begriff inzwischen in den Schulbüchern angekommen, wobei in den einschlägigen Publikationen (inkl. Schulbücher) die Bedeutung des Begriffs „Vernetzung" nicht definiert, sondern intuitiv vorausgesetzt wird. Darauf gehe ich im Abschnitt 2.4 näher ein.

Im Folgenden soll dargelegt werden, dass Vernetzungen im Wesen der Mathematik liegen. Vor allem soll darauf eingegangen werden, wie nun Vernetzungen konkret im Mathematik-Unterricht umgesetzt werden können.

Vernetzungen sind im logischen Aufbau der Mathematik präsent, worauf Kiesswetter (1993) und Fischer (1988) hinweisen. Dabei geht es nicht nur um das Netz von Wissensbausteinen, sondern auch um die Vernetzung mit Anwendungsmöglichkeiten und Lösungsstrategien. Diesen ordnenden Aspekt von Vernetzung betonte auch Freudenthal, der aber über die Mathematik hinausweist:

> Dass das ständige Neuordnen nicht eine Grille, sondern durch die Notwendigkeit eingegeben ist, wurde schon betont. Jeder weiß, wie stürmisch die Wissenschaften sich entwickeln. Will man sie beherrschen, so muss man die erworbene Kenntnis organisieren. Das gilt für die Mathematik wie für andere Wissenschaften, nur wird in der Mathematik dieses Ordnen bewusster und auf höherem Niveau als anderswo geübt; in der Mathematik ist Ordnen auch eine mathematische Tätigkeit. (Freudenthal, 1973, S. 50)

Doch was bedeuten diese Erkenntnisse für den Unterricht? Viele Autoren weisen darauf hin, dass es keine einfachen Rezepte dafür gibt, Vernetzungen in den Köpfen der Lernenden zu erzeugen. Kiesswetter (1993) macht darauf aufmerksam, dass als Grundlage dafür zunächst einmal die Lehrpersonen über vielfältige eigene Vernetzungen bei den Unterrichtsthemen verfügen müssen und dass ein Teil der Vernetzungen auch unbe-

---

[3] Siehe dazu auch Felix Klein, 1968a, S. 277: „Man wird auf der Schule stets zuerst an die lebhafte konkrete Anschauung anknüpfen müssen und erst allmählich logische Elemente in den Vordergrund bringen können".

2.2 Rolle und Bedeutung von Vernetzungen

wusst an die Lernenden weitergegeben wird. Die Struktur des Input beeinflusst wesentlich die Informationsverarbeitung, schreibt Spitzer (2004, S.99), die aber individuell verschieden abläuft.

Diese Individualität steht auch im Vordergrund der von Bauersfeld (1983) entwickelten Theorie der „Subjektiven Erfahrungsbereiche". Hier wird besonders das Spannungsfeld zwischen dem Versuch, den Lernenden mehr oder weniger gleichzeitig bestimmtes Wissen zu vermitteln und abzuprüfen, und der Individualität der Person des Lernenden thematisiert. Konkrete Situationen im Unterricht, die einerseits die Individualität der Lernenden berücksichtigen, aber auch Vernetzungen begünstigen, sind nach Schmidt (1994, S. 10f und 1993, S. 19) das Zulassen einer gewissen Vielfalt von Bedeutungen, von unorthodox scheinenden Lösungsvorschlägen, allgemein von schülereigenen Strategien und die Schaffung von „Verstörungen" (Perturbationen), die gezielt gesteigertes Interesse einiger Lernender erwecken können. Er bringt es auf die griffige Formel Vernetzung statt Einspurigkeit (a.a.O.).

Vernetzungen lassen sich auch durch Anwendungsbezug erreichen, wie Humenberger / Reichel betonen, ja sie sehen Vernetzungen sogar als Wesen bzw. Ziel der Anwendungsorientierung (1995, S. 247). Aufgaben aus realen bzw. realitätsnahen Situationen erfordern tiefere, vernetzte Kenntnisse, weil normalerweise kein Lösungsalgorithmus vorgegeben ist. Das vermehrte Umgehen mit solchen Aufgaben fördert daher auch die Vernetzung. Allerdings weisen Humenberger / Reichel darauf hin, dass Anwendungsbezug kein Allheilmittel zur Erzeugung von Vernetzungen in den Köpfen darstellt. Anwendungsbezug liefert jedoch ein differenziertes Bild der Mathematik als formale Wissenschaft und als praktisch anwendbare Wissenschaft. Damit wirkt man auch dem oft beobachteten Sachverhalt entgegen, dass kein Gebiet der Mathematik jenseits des elementaren Rechnens von einem nennenswerten Teil derer, die es gelernt haben, angewandt werden kann (Freudenthal 1973, S. 126). Ein besonderes Beispiel eines komplexen Anwendungsbezugs bilden hier die dynamischen Systeme, wie sie etwa bei Ossimitz (1994, 1995) zu finden sind.

Auf die Sinnhaftigkeit von Anwendungsbezug geht auch Boaler (1998) in einer Studie an zwei englischen Schulen ein. So wird an der einen Schule betont anwendungsorientiert in einer lockeren Unterrichtsatmosphäre unterrichtet, in der anderen traditionell (überwiegend eng am Text des Buches mit Standardaufgaben) in einem sehr konzentrierten Unterricht. In den unterrichtsbegleitenden Tests schnitten die Schülergruppen aus beiden Schulen etwa gleich gut ab. Beim zentralen Abschlusstest erzielten jedoch die Lernenden der „projektorientierten Gruppe" deutlich besser ab, da sie weniger Probleme mit den Prüfungsaufgaben hatten, die sich von den ihnen bisher vertrauten Aufgaben unterschieden:

> Well, sometimes they put it in a way that throws you, but if there's stuff I actually haven't done before, I'll try and make as much sense of it as I can, try and understand it as best I can

berichtet ein Schüler aus dieser Schule (Boaler, 1998, S. 9).

Eine weitere Möglichkeit zur Vernetzung besteht im Herstellen von „Gedächtnislandkarten", wie sie z.B. Klippert (1996, S. 207ff) beschreibt. Jede Art der Übersicht, die Lernende erstellen, führt durch Rekapitulieren und Reorganisieren zu Vernetzungen und / oder Festigung bestehender Vernetzungen. Klippert weist ausdrücklich darauf hin, dass dieses Vorgehen der Funktionsweise unseres Gehirns entspricht.

Hasemann (1992) entwickelt den Ansatz der Concept Maps, mit denen er die Wissensstruktur im Gehirn nach außen abzubilden versucht. Dabei bietet das von ihm vorgeschlagene Format von Concept Maps dem Individuum einen großen Freiraum: Die Lernenden erhalten Begriffe auf Papierkärtchen, die sich auf im Unterricht behandelte Themen beziehen. Diese sollen so angeordnet werden, dass diejenigen Begriffe, die nach Meinung eines Lernenden zusammengehören, dicht beieinander notiert werden, und diejenigen, die nicht eingeordnet werden können, abseits, z.B. am rechten unteren Rand des Blattes. Zusammengehörige Begriffe sollen möglichst mit Oberbegriffen oder Überschriften gekennzeichnet werden, Verbindungen zwischen Begriffen oder Gruppen von Begriffen mit beschrifteten Linien. Es dürfen drei eigene Begriffe hinzugefügt werden, alle vorgegebenen Begriffe müssen jedoch mindestens einmal auftauchen.

Eine konkrete Verbindung der eben genannten Aspekte findet sich auch bei vom Hofe in dem Ansatz der Grundvorstellungen. Grundvorstellungen werden zum einen als normative Leitlinie aufgefasst, die durch geeignete Sachkonstellationen bzw. Sachzusammenhänge einen mathematischen Begriff für den Lernenden verständlich konkretisieren bzw. repräsentieren. Zum anderen wird jedoch der Klärung der tatsächlich bei den Lernenden ausgebildeten Vorstellungen eine wichtige Rolle eingeräumt. Vom Hofe beschreibt Grundvorstellungen daher als *Beziehungen zwischen Mathematik, Individuum und Realität* (S. 98), als dynamische

2.2 Rolle und Bedeutung von Vernetzungen

Objekte, *die sich im Zuge einer fortschreitenden Entwicklung des Individuums gegenseitig ergänzen, vernetzen und erweitern* (S. 130).

Heinrich Winters (1995) Grunderfahrungen, die jeder Schüler bzw. jede Schülerin im Mathematikunterricht ermöglicht bekommen soll, damit dieser allgemeinbildend ist, sind aktuell als zentrale Position in den Bildungsstandards für den Mathematikunterricht in den Sekundarstufen verankert (Blum, Drüke-Noe, Köller, 2004, S. 21) und betonen ebenfalls den Vernetzungsgedanken. So sollen Schülerinnen und Schüler in einem allgemeinbildenden Mathematikunterricht folgende Erfahrungen machen:

- Erscheinungen der Welt um uns aus Natur, Gesellschaft und Kultur, mit Hilfe von Mathematik in einer spezifischen Art wahrzunehmen und zu verstehen.
- Mathematische Gegenstände als geistige Schöpfungen und als eine Welt eigener Art kennenzulernen und zu begreifen.
- In der Auseinandersetzung mit Mathematik heuristische Fähigkeiten, die über die Mathematik hinausgehen, zu erwerben. (Winter, 1995, S. 37)

Ähnliche Formulierungen finden sich in Rahmenplänen für die Sekundarstufe 1 und 2 einiger Bundesländer, die ebenfalls Realitätsbezüge, aber auch die innere Welt der Mathematik als zentralen Bestandteil der mathematischen Vorstellungswelt der Schülerinnen und Schüler begreifen und damit Vernetzungen fordern, welche die innere Welt der Mathematik und Realitätsbezüge betreffen, die von den Schülerinnen und Schülern alleine hergestellt werden sollen.

Der Ansatz des „Dialogischen Lernens" von Urs Ruf und Peter Gallin betont ebenfalls Vernetzungen auf vielerlei Ebenen, auch wenn sie den Begriff „Vernetzungen" nicht verwenden:

... Die Didaktik [der Kernideen] fasst die Ergebnisse ihrer fachlichen Vorbereitung als Antworten auf, die vorerst einmal nur Fachleute interessieren, weil es Antworten sind auf Fragen, die sich nur Fachleute stellen. Ob und wie diese Antworten mit Fragen in Verbindung gebracht werden können, die sich auch Schülerinnen und Schüler stellen, ist der springende Punkt in der Didaktik der Kernideen. (Ruf & Gallin, 1999, S. 36)

Auch im Ansatz von Hussmann (2003) zu Wegen zum individuellen, erforschenden Lernen in der Sekundarstufe II spielen Vernetzungen eine Rolle, wenngleich sie nicht so genannt werden. So fordert Hussmann Überblickswissen, das Verbindung herstellt zwischen dem, was jeder einzelne Schüler immer schon weiß, kann und will, und dem, was er lernen muss (Hussmann, 2003, S. 39). Ich selbst habe in meinem eigenen Unterricht mit „Reisetagebüchern" die Notwendigkeit von Vernetzungen erfahren, aber auch, dass schon viele, individuelle Vernetzungen bei Schülerinnen und Schülern vorhanden sind, oft unbemerkt im traditionellen Unterricht (Euba, 2006, S. 25ff).

Zentral für den Bereich der Vernetzung von mathematischen Wissen ist die Studie von Brinkmann. Im Folgenden wird die Studie von Brinkmann aufgrund ihrer Bedeutung für meine Arbeit ausführlich dargestellt und eine Abgrenzung von meiner Studie gegeben. Brinkmann zielt in ihrer stark fachsystematisch orientierten Arbeit auf die *„Verfolgung von Vernetzungen mathematischer Objekte in Lehr und Lernprozessen"* (2007, S. 5).

Dabei entwickelt Brinkmann zwar eine Beschreibung des Begriffes „Vernetzung", die sie als „begriffliche Fundierung" bezeichnet, aber keine Definition. So stellt Brinkmann zwar fest, dass eine Klärung des Begriffs „Vernetzung" notwendig sei, doch ihre entwickelte Klärung (Brinkmann, 2007, S. 34) stellt eine Beschreibung dieses Begriffs mit Hilfe anderer Begriffe wie vernetztes, dynamisches, statisches System, mathematisches System sowie Netzwerk, Graph, Relation, Knotenpunkte, Kanten dar, was noch nicht als begriffliche Ausschärfung anzusehen ist. Mit diesen Begriffen wird der Begriff „Vernetzung" mathematisch modelliert, diese Modellierung wird in der Regel synonym als Vernetzung benannt.

> Die Relationen, die durch die Fachsystematik gegeben sind, setzen mathematische Objekte aufgrund verschiedener Aspekte in Beziehung zueinander. (Brinkmann, 2007, S.45)

Auf dieser Grundlage unterscheidet sie verschiedene Kategorien von Vernetzungen, d.h. Vernetzungen, die sowohl individuelle und situationsbezogene Aspekte berücksichtigen als auch stark fachsystematisch orientierte. So analysiert sie die „Fachsystematische Vernetzung", die „Repräsentationsvernetzung", aber auch „Kulturvernetzung" und „Affektvernetzung", deren Bedeutung durch die jeweilige Benennung grob charakterisiert ist. Allerdings beschränkt sie sich in ihren Analysen stärker auf Curriculums- und Unterrichtsmaterialien bzw. reduziert die tatsächlich bei Lernenden rekonstruierten Vernetzungen auf fachsystematische Aspekte, wie Vernetzungen aus dem innermathematischen Bereich sowie auf Modellvernetzungen von und mit außermathematischen Anwendungen (also einiger

2.2 Rolle und Bedeutung von Vernetzungen

fachsystematischer Vernetzungen, sowie einiger anwendungsbezogener Vernetzungen). Individuell vorgenommene Vernetzungen, wie sie in meiner Arbeit eine zentrale Rolle spielen, werden von ihr kaum berücksichtigt. Die von Brinkmann (2007. S. 36) entwickelte Definition von Vernetzungen ist mathematisch-strukturell ausgerichtet und orientiert sich stark an einer graphischen Darstellung von Vernetzungen:

> „Vernetzung bezeichnet dabei sowohl den Prozess des Vernetzens, also das in Relation setzen, als auch das Ergebnis (...). Ein Knoten a eines Systems wird mit einem Knoten b des Systems vernetzt, wenn a zu b in eine Relation gesetzt wird; zwei Knoten eines Systems werden als vernetzt bezeichnet, wenn sie als Endpunkte einer Kante in der dem Netzwerk zugrunde liegende Relation zueinander stehen".

Inhaltlich ist die Studie von Brinkmann an Vernetzungen von Begrifflichkeiten im Rahmen von linearen Gleichungssystemen in der Sekundarstufe I angebunden. Die Überprüfung, in wie weit Schülerinnen und Schüler Begriffe dazu vernetzt haben, geschieht über die den Vernetzungen zugrunde liegende mathematische Struktur, die mit Vernetzungsgraphen dargestellt wird. Diese Überprüfung geschieht auch bei verwendeten Schulbüchern und bei den Lehrerinterviews. Die Erhebung der von den Schülerinnen und Schüler hergestellten Vernetzungen erfolgte mittels Concept Maps. Sie unterscheidet dabei verschiedene Arten von Concept Maps, die sich in der Fülle von Vorschriften für die Darstellung unterscheiden. Aufgrund des Zeitaufwands für die Einarbeitung in die Arbeit mit Concept Maps beschränkt sich Brinkmann auf Erhebungsmethoden, die lediglich deklaratives Wissen erheben:
Mit den von ihr entwickelten Methoden erhebt Brinkmann nun Vernetzungen in den Unterrichtsmaterialien und bei den Schülerinnen und Schülern, wobei sie die Vorstellungen der Schülerinnen und Schüler als von den mathematischen Strukturen determiniert ansieht:

> Die Vernetzungen im Stoffgebiet der Mathematik spiegeln objektivierte Wissensstrukturen des menschlichen Geistes wider. Bei allen Unterschieden, die die Wissensstrukturen einzelner Individuen aufweisen, zeigt sich doch unter der Voraussetzung des Vorhandenseins gleicher Wissensbausteine, dass diese von Menschen in ähnlicher Weise in Beziehung zueinander gesetzt werden, und dass Menschen in charakteristischer Weise Gedanken aneinander reihen. (Brinkmann, 2007, S. 44)

Beispielhaft möchte ich dies an den Ausführungen von Brinkmann zum Satz des Pythagoras beschreiben. Auf die Frage: Was fällt dir/ihnen zum Satz des Pythagoras ein, erhält Brinkmann spontane gedankliche Verknüpfungen mit dem Konzept „Satz des Pythagoras". Anschließend analysiert Brinkmann, in welcher Relation diese Antworten mit begrifflichen Knoten in Verbindung stehen, und zwar durch Eingruppierung, Vergleichen etc. Deutlich wird bei diesem Vorgehen, dass die vorgegebene mathematische Struktur das Klassifikationsraster für die Einordnung und Bewertung der von den Lernenden geäußerten Vernetzungen abgibt.

2.3 Arbeiten aus Naturwissenschaftsdidaktik und der Systemtheorie

Aus der Systemtheorie sind die Arbeiten von Dietrich Dörner, der sich unter anderem mit „Strategischen Denken in komplexen Situationen" befasst, relevant, da er die Konsequenzen unvernetztes Handelns deutlich macht.

Bedeutsam sind insbesondere auch die Arbeiten von Rodger Bybee zur Messung von Wissen, Verständnis und Fähigkeiten im Bereich der Naturwissenschaften, die u.a. Grundlage für meine eigenen Untersuchungen waren.

Ich gehe zunächst auf die Arbeiten von Dörner (1997) ein, der komplexe Abläufe im wirklichen Leben mit Computerprogrammen simulierte. Dabei zeigte sich, dass die „guten" Versuchspersonen komplexer handelten: Sie berücksichtigten dabei jeweils verschiedene Aspekte des gesamten Systems und nicht nur Einzelaspekte, hatten also die Verbindungen oder Vernetzungen der verschiedenen Aspekte vor Augen. Die Berücksichtigung von Einzelaspekten führte bei den weniger guten Versuchspersonen zumeist in eine unlösbare Krise der Simulation.

Geht man davon aus, dass die Simulationen wichtige Ausschnitte der Lebenswirklichkeit wiedergeben, so kann man aus dem genannten Teil-Ergebnis schließen, dass Vernetzungen helfen, den Alltag angemessener zu bewältigen.

Rodger Bybee geht in seinen Ansätzen zur naturwissenschaftlichen Literalität davon aus, dass es keine naturwissenschaftlich ungebildeten Menschen gibt, sondern nur Menschen, die auf verschiedenen Stufen gebildet sind.

> Ich dagegen gehe davon aus, dass Scientific Literacy aus verschiedenen Niveaus naturwissenschaftlichen Verständnisses besteht. (Bybee, 2002, S. 21f)

2.3 Arbeiten aus Naturwissenschaftsdidaktik und der Systemtheorie

Um das Niveau naturwissenschaftlicher Bildung zu erfassen und zu beschreiben, entwickelt Bybee eine Konzeption naturwissenschaftlicher Literacy mit fünf verschiedenen Stufen naturwissenschaftlicher Bildung, wobei ein höheres Niveau durch die Erfassung des Umfelds charakterisiert ist, d.h. vernetztes Wissen beinhaltet. Dieser Ansatz wird in meiner Arbeit zur Entwicklung von Auswertungskategorien verwendet, worauf ich im nächsten Abschnitt noch genauer eingehen werde. Sein Framework, auf das sich in der Naturwissenschaftsdidaktik intensiv bezogen wird, kann wie folgt grafisch dargestellt werden.

Framework for Scientific Literacy

Nominale Scientific Literacy

1 Fragen zu naturwissenschaftlichen oder technischen Problemen werden nicht verstanden oder können dem Bereich Naturwissenschaft / Technik nicht zugeordnet werden.

Funktionale Scientific Literacy

2 Begriffe aus dem Bereich Naturwissenschaft und Technik werden korrekt verwendet, jedoch eher oberflächlich, ohne mögliche Einbettung in einen Kontext.
BYBEE vergleicht dies mit dem Erkennen von Blättern, ja auch dem Wissen über Blätter, ohne diese jedoch als Teil eines Baumes wahrzunehmen oder gar ihre Funktion für das Leben des Baumes.
Es bleibt also beim Wiedergeben von Fakten und einem Verständnis für Details.
(Bybee kritisiert die Überbetonung der Fachsprache statt Verbindungen zu anderen Bereichen zu suchen)

Konzeptionelle und prozedurale Scientific Literacy

3 Vernetzungen von Begriffen mit der gesamten Disziplin, Kenntnisse von prinzipiellen Gesetzen und dem Ablauf von Prozessen haben z.B. zur Folge, dass Laboruntersuchungen und Diskussionen wissenschaftlicher Experimente verstanden werden können.
Es werden also in der Analogie mit dem Baum Struktur und Funktion der Zweige eines Baumes, seines Stammes und der Wurzeln betrachtet, bezogen auf die Blätter.

Multidimensionale Scientific Literacy

4 Jenseits von Begriffen, Konzepten und Verfahren gibt es einen Blick auf Kontexte wie z.B. die historische Entwicklung, allgemein auf die philosophischen, historischen und gesellschaftlichen Bezüge der Disziplinen. Auf dieser Stufe gibt es Vernetzungen innerhalb der Disziplinen, zwischen den Disziplinen und zwischen Naturwissenschaften und Technik mit größeren gesellschaftlichen Problemen und Bestrebungen.
„Bäume existieren in Verbindung zu anderen Bäumen, zur Vegetation und zur gestalteten Welt. Wirkliches Verständnis der Bäume verlangt eine ökologische Sicht, die auch einen einzelnen Baum im Blick hat mit Blättern, die gerade diesen Baum auszeichnen, seiner Umwelt und mit Populationen anderer Organismen, die mit diesem Baum interagieren."

Tabelle 2-1: Framework for Scientific Literacy, Quelle: Bybee (2002, S. 25ff)

2.4 Entwicklung eines eigenen theoretischen Rahmens zur Vernetzung

Im Folgenden entwickele ich anknüpfend an bereits dargestellte Arbeiten den von mir in der Studie verwendeten Vernetzungsbegriff und grenze ihn gegen andere Definitionsansätze ab. Meinem Vernetzungsbegriff liegt die Annahme zugrunde, dass Vernetzungen individuell hergestellt und nicht an mathematischen Strukturen orientiert sind, sondern eher situativ beeinflusst sind. Sie benötigen zum Verständnis durch andere daher oft Erklärungen und sind nicht selbsterklärend.

Damit verstehe ich also unter einer Vernetzung eines mathematischen Begriffs bzw. einer mathematischen Methode, wie sie von einem Individuum vorgenommen wird, folgendes:

Unter der Vernetzung mathematischer Inhalte verstehe ich die Konstituierung von kognitiven Beziehungsstrukturen zwischen mathematischen Inhalten durch das lernende Individuum. Dabei ist die Vernetzung eines mathematischen Begriffs bzw. einer mathematischen Methode bei Lernenden zumindest temporär rekonstruierbar, wenn bei Verwendung (wie Aussprechen, Hören oder Lesen) dieses Begriffs bzw. dieser Methode dem Individuum ein kognitives „Umfeld" aufgerufen wird, das aus mathematischen und nicht-mathematischen Begriffen, aus mathematischen und nicht-mathematischen Bildern oder Situationen besteht und in das der Begriff bzw. die Methode eingebettet ist. Das „Umfeld" kann im einfachsten Fall aus einem Element (Begriff, Bild, oder Situation) bestehen. Die konkret realisierte Vernetzung kann durch die Lernumgebung beeinflusst sein, ist aber aufgrund der individuellen Bestimmtheit der Vernetzung nicht durch diese festgelegt.

Dabei können die Beziehungsstrukturen auch affektiv geprägt sein. Darauf gehe ich im Rahmen meiner Studie nicht ein, da ich diese Aspekte nicht erhoben habe, u.a. aufgrund der Nähe zu den Schülerinnen und Schülern als sie unterrichtender Lehrer.

Ziel der hier vorliegenden Studie ist nun die Untersuchung, welche Vernetzungen mathematischer Inhalte Lernende im Rahmen einer spezifischen Lernumgebung realisieren, genauer:

- Welche Vernetzungen lassen sich bei Lernenden der gymnasialen Oberstufe unterscheiden?
- Lassen sich ggf. trotz der individuellen Abhängigkeit der Vernetzungen bestimmte Typen von Vernetzungen rekonstruieren und wie sehen diese aus?

2.4 Entwicklung eines eigenen theoretischen Rahmens

- Wie beeinflusst eine Lernumgebung, die explizit auf die Förderung von Vernetzungen mathematischer Inhalte im Rahmen eines Kurses der gymnasialen Oberstufe abzielt, die von den Lernenden realisierten Vernetzungen?
- Lassen sich die individuell hergestellten Vernetzungen durch eine spezifische Lernumgebung fördern?

Um diese Fragen empirisch untersuchen zu können, entwickele ich im Folgenden eine zweidimensionale Präzisierung dieses Konstrukts, dessen Ausprägungen empirisch zugänglich sind.

(1) Die vom Individuum eingenommene Perspektive:
Da auch die „Größe" bzw. der Umfang eines Netzwerks bedeutend ist, unterscheide ich zwei Perspektiven, die die Lernenden auf die angebotenen Lerninhalte einnehmen können:

- eine Mikro-Sicht, also das Verständnis der mathematischen Lerninhalte durch die Lernenden, das sich in einem begrenzten lokalen Umfeld realisiert;
- eine Makro-Sicht, in der weitergehende Zusammenhänge innerhalb des Begriffsumfelds hergestellt werden, die Lernenden also einen Überblick über die Lerninhalte entwickelt haben.

(2) Stufen des begrifflichen Verständnisses:
Des Weiteren unterscheide ich anknüpfend an die Arbeiten von Bybee folgende Stufen des begrifflichen Verständnisses, die sich im Gegensatz zum Ansatz von Bybee auf die Schulmathematik beziehen:

Stufen	Beschreibung
1	ist die niedrigste Stufe, für die Begriffe oder Sachverhalte nur als Namen existieren: **nominal**.
2	Wiedergabe von Definitionen und Verfahren: **funktional (Faktenwissen)**
3	Das Wissen ist eingebettet in prinzipielle Aspekte der Mathematik und zeigt Reflexion über mathematische Ideen: **konzeptionell (Strukturwissen)**
4	Es offenbart sich ein tieferes Verständnis: Es zeigen sich verschiedene Sichtweisen aus den Ebenen 2 und 3, sodass ein mathematisches Objekt vielschichtig betrachtet wird. **multidimensional**.

Tabelle 2-2: Stufen des begrifflichen Verständnisses, Quelle: eigene Darstellung

Eine Vernetzung mathematischer Inhalte besteht also aus der Dimension der von den Lernenden eingenommenen Perspektive auf die Lerninhalte, also einer Mikro-Sicht sowie einer Makro-Sicht, sowie aus der Dimension des begrifflichen Niveaus der Lerninhalte, nominal, funktional, konzeptionell, multidimensional. Beide Dimensionen zusammen konstituieren die in meiner Studie rekonstruierten Vernetzungen. Dabei kann aus theoretischen Überlegungen aufgrund der Definition dieser Begriffsstufen nur bei Stufe 2 und 3, also der funktionalen und der konzeptionellen Stufe, entweder die Makro- oder die Mikro-Perspektive eingenommen werden. Die nominale Stufe ist durch eine ausschließliche Verwendung einer Mikro-Perspektive geprägt, währenddessen bei der multidimensionalen Stufe eine Integration von Mikro- und Makro-Perspektive unverzichtbar ist.

Mit diesem theoretischen Ansatz grenze ich mich von anderen Arbeiten wie die von Brinkmann ab, die die von den Lernenden hergestellten Vernetzungen mathematischer Inhalte als von den mathematischen Strukturen determiniert ansehen und sich daher stärker auf deklaratives Wissen beziehen.

Im nächsten Kapitel – Kapitel 3 – werde ich nun ein Unterrichtsprojekt über 4 Semester beschreiben, das ich selbst durchgeführt habe, um zu untersuchen, welche Vernetzungen mathematischer Inhalte Lernende im Mathematikunterricht herstellen. Insbesondere wollte ich untersuchen, welcher Art die Vernetzungen sind, die von den Lernenden individuell hergestellt werden, wenn ihnen eine geeignete Unterrichtsumgebung zur Verfügung steht mit Unterrichtsmaterialien, die eine Fülle von Vernetzungsangeboten enthalten.

3. Beschreibung des Unterrichtsprojekts

Im diesem Kapitel beschreibe ich nun das Unterrichtsprojekt, das ich über 4 Semester selbst im Rahmen des Mathematikunterrichts eines Leistungskurses der Jgst. 12 und 13 durchgeführt habe. Ziel des Unterrichtsprojekts war zu untersuchen, welche Vernetzungen mathematischer Inhalte Lernende im Mathematikunterricht herstellen. Insbesondere wollte ich untersuchen, welcher Art die Vernetzungen sind, die von den Lernenden individuell hergestellt werden, wenn ihnen eine geeignete Unterrichtsumgebung zur Verfügung steht mit Unterrichtsmaterialien, die eine Fülle von Vernetzungsangeboten enthalten. Dazu beschreibe ich die Lernmaterialien, die im Unterricht eingesetzt wurden und gehe dabei im Detail auf die Vernetzungsangebote ein, die in den Materialien enthalten sind. Des Weiteren wird skizziert, wie die Lernumgebung gestaltet war, d.h. wie Materialien im Unterricht eingesetzt wurden und mit welchen Intentionen. Dabei erfolgt die Darstellung entlang der einzelnen Semester, die durch die Themen der einzelnen Semester vorbestimmt waren. Den Abschluss des Kapitels bildet ein kritischer Rückblick.

3.1 Beschreibung des Unterrichts und der Unterrichtsmaterialien

Das Unterrichtsprojekt erstreckte sich über 4 Semester in den Jgst. 12 und 13 in einem Leistungskurs an einem Hamburger Gymnasium und wurde von 1999-2001 durchgeführt. Dabei folgte die Verteilung der Themenbereiche auf die Halbjahre dem zu dem Zeitraum gültigen Hamburger Rahmenplan und ist so in Deutschland weitverbreitet und weitgehend durchgesetzt. Die mathematische Struktur des Unterrichtsprojekts sowie die jeweils verwendeten Lehr-, Lernmaterialien sind in folgender Übersicht dargestellt:

Halbjahr	Themenbereich	Lehr- / Lernmaterial
1: Wintersemester	**Analysis**	selbst entwickeltes Manuskript
2: Sommersemester	**Lineare Algebra / Analytische Geometrie**	selbst entwickeltes Manuskript
3: Wintersemester, a) 1. Hälfte und b) 2. Hälfte	**Verbindung der beiden Themenbereiche**	
4: Sommersemester	schriftliche Abiturprüfung **Stochastik** (Zeitrahmen ca. ¼ Jahr) mündliche Abiturprüfung	Adaption eines existierenden Lehrbuchs

Tabelle 3-1: Verteilung der Themenbereiche auf die Halbjahre, Quelle: eigene Darstellung

Der Unterricht basierte für die Themenbereiche *Analysis* und *Lineare Algebra / Analytische Geometrie* auf einem selbstentwickelten Manuskript bzw. Lehr- / Lerntext.

Für den Themenbereich *Stochastik* wurde das Lehrbuch „Stochastik mit DERIVE" (Grabinger) eingesetzt. Da zunächst keine Einbeziehung des 4. Halbjahres in die empirische Studie vorgesehen war, gab es zu diesem Themenbereich keine selbstentwickelten Unterrichtsmaterialien, vielmehr wurde ein existierendes Lehrbuch adaptiert. Über die dabei aufgetretenen Probleme wird im Abschnitt zur Stochastik berichtet.

Unterricht • Themenübersicht

Analysis und Lineare Algebra / Analytische Geometrie

Die selbst entwickelten Lehr- / Lerntexte hatten jeweils dieselben Intentionen für die beiden Themenbereiche *Analysis* und *Lineare Algebra / Analytische Geometrie*, nämlich das Anbieten von vielen Vernetzungen. Die allgemeinen Beschreibungen gelten also für beide Bereiche.

Konkrete Beispiele aus den Lehr- / und Lernheften werden jedoch für die beiden Themenbereiche getrennt dargestellt, wenn dies notwendig erscheint.

So ist unter Bezug auf die Vorstellungen von Humenberger / Reichel die Anwendungsorientierung als *Kombinieren von Wissen* ein zentrales Mittel zur Herstellung von Vernetzungen anzusehen. Auch Zais / Grund

3.1 Beschreibung des Unterrichtsprojekts und der Materialien

beschreiben die Anwendungsorientierung von Wissen als Möglichkeit zur Konstruktion von Vernetzungen von Wissen. Sie schreiben:

> Die Mathematik besser zu verstehen heißt, sie besser anzuwenden.
> Die Mathematik besser anzuwenden heißt, sie besser zu verstehen.

Anwendungsorientierung kann nach Humenberger / Reichel Vernetzungen anbieten, aber auch Aufgaben mit vielfältigen Lösungen. Begründungen (kleine Beweise), die (völlig) verschiedene Argumentationsbasen verwenden, oder Aufgaben der Art: „Beschreibe möglichst viele Arten, ein gegebenes Problem zu lösen, führe eine dann numerisch aus!" Oder „Worin liegen Vor- und Nachteile der einzelnen Verfahren?"

So stellte ich in der geschilderten Situation selbst Unterrichtsmaterial her, das den Beschreibungen von Humenberger / Reichel sehr ähnlich war.

(1) Der Lerntext gab den Lernenden die Gelegenheit, Inhalte eigenständig zu bearbeiten (Prinzip der Individualisierung). Daher enthalten die jeweiligen Texte diverse Vernetzungsmöglichkeiten, die zumeist nicht direkt dort aufgelistet sind und die auch eher selten im Lehrervortrag erwähnt wurden.
Die Schülerinnen und Schüler sollten ja selbstständig ihre individuellen Vernetzungen innerhalb der Mathematik und zwischen Mathematik und der (idealisierten) Realität aufbauen.

(2) Die Inhalte des Lehrtextes im Unterricht habe ich selektiv behandelt: Von den abgedruckten Beweisen sind nur einige in voller Ausführlichkeit besprochen, manche auch „nur" auf eine anschauliche Art plausibel gemacht worden, einige wurden ganz übergangen. Bearbeitet wurden die Inhalte des Manuskripts z.T. in Kleingruppen zu 2-4 Lernenden, z.T. im Unterrichtsgespräch und gelegentlich auch als Hausarbeit.

(3) Die Aufgaben sind unterteilt in „Übungen" und „Anwendung und Modellierung". Mit den Aufgaben in den „Übungen" sollten prozedurale Fähigkeiten entwickelt und gestärkt werden, z.B. das Berechnen eines gegebenen Integrals oder der Nachweis der Teilraumeigenschaft einer gegebenen Teilmenge eines Vektorraums. Die Aufgaben in „Anwendung und Modellierung" behandelten neben Problemstellungen aus anderen Fachgebieten wie z.B. Wirtschaftswissenschaften, Biologie, Physik, Chemie auch innermathematische Fragestellungen.

Zu jeder der Aufgaben lag ein ausführlicher Lösungsvorschlag vor mit dem Hinweis, dass es sich bei den Lösungsvorschlägen jeweils nur um **einen** denkbaren Lösungsweg handelt. Das sollte die Lernenden in die Lage versetzen, die Aufgaben weitgehend selbstständig zu bearbeiten und damit nach Möglichkeit eigene Vernetzungen zu kreieren. Die Besprechung von Hausaufgaben sollte eine geringe Rolle spielen und damit ihre Bedeutung als zentraler Unterrichtsbestandteil verändern. Offene Fragen sollten aber natürlich gestellt werden und so auch zur Herstellung von Verbindungen anregen.

Als weitere Möglichkeit zur Herstellung von Vernetzungen werden in der didaktischen Diskussion Grundvorstellungen angesehen. Sie beziehen sich z.b. auf folgende Fragen:

„wofür?" kann man etwa die Ableitung gebrauchen oder „was?" haben Ableitung und Integralrechnung miteinander zu tun?

Rudolf vom Hofe (1995, S. 130) beschreibt Grundvorstellungen wie folgt:

> Ihre didaktische Hauptaufgabe kann darin erblickt werden, Beziehungen zwischen Individuum, Mathematik und Realität vom Zentrum der Mathematikdidaktik her zu beschreiben [...] Grundvorstellungen können dabei aus psychologischer Sicht als dynamische Objekte der Vermittlung aufgefasst werden, die sich im Zuge einer fortschreitenden Entwicklung des Individuums gegenseitig ergänzen, vernetzen und erweitern.

Rudolf vom Hofe (1995, S. 103) schreibt dazu:

> Es wäre [...] wünschenswert, wenn ein Lehrer nicht nur Grundvorstellungen als normative Kategorie vorgibt, sondern auch eine gezielte Sensibilität für die tatsächlichen Vorstellungen des Schülers gewinnt [...].

Die tatsächlichen Vorstellungen der Schülerinnen und Schüler zu mathematischen Begriffen sind ein Grundpfeiler dieser Arbeit. Die Konzeption der Grundvorstellungen weist auch eine strukturelle Nähe zum Ansatz von Bauersfeld zur Theorie der „Subjektiven Erfahrungsbereiche" auf, worauf ich aber nicht weiter eingehen möchte, da dieser Ansatz für den Mathematikunterricht der gymnasialen Oberstufe nicht konkretisiert wurde.

Vom Hofe weist auch auf die Nähe zu Bauersfelds Theorie der „Subjektiven Erfahrungsbereiche" hin (siehe dazu Kapitel 2).

(4) Zum Abschluss der einzelnen Kapitel gab es (zumeist) eine Projektaufgabe, die komplexer als die normalen Aufgaben war. Sie behandelte innermathematische Problemstellungen, aber auch realitätsnahe Themen. Zu den Projektaufgaben erhielten die Lernenden vor deren Auswertung keine schriftlichen Lösungen, um die Lösungsvielfalt nicht einzuschränken: die Lernenden sollten möglichst viele Ideen und Assoziationen zum Thema der Aufgabe produzieren und die Themen auch von verschiedenen Seiten betrachten; dabei handelt es sich nach Weth um zwei Fähigkeiten, die eine kreative Persönlichkeit auszeichnen (vgl. Weth, 1999, S. 8). Diese beiden Fähigkeiten können beim Aufbau von Vernetzungen hilfreich sein, denn sie basieren auf einer weiten Perspektive auf das Wissen.

(5) Der Lehrtext enthielt schließlich zentrale Aspekte der historischen Entwicklung der behandelten mathematischen Begriffe und Methoden. So werden Vernetzungen zwischen den Begriffen und Methoden mit mathematischer Struktur und Anwendungen angeboten.

(6) Schließlich fanden sich noch Angebote zu Vernetzungen im Vorwort, wo die Inhalte kurz vorgestellt wurden, sowie in den Zusammenfassungen nach jedem Kapitel.

Schon 1995 mahnten Humenberger / Reichel (1995, S. 252) an, der Idee des Vernetzens[4] mehr Rechnung zu tragen, was z.B. mit Hilfe von Übungsaufgaben, auch durch Beziehungen, Erweiterungen und Zusammenhänge aller Art realisierbar erscheint. Insgesamt nehmen Angebote zur Vernetzung eine wesentlichen Teil des Unterrichts ein.

Beispiele
Analysis

Die normalen Analysis-Unterrichtsmaterialien waren zu einer Broschüre geheftet. Dieser Themenbereich war gegliedert in

0	Wiederholung (Themen in der Vorstufe)
1	Anwendungen der Differentialrechnung
2	Integralrechnung

Tabelle 3-2: Gliederung des Themenbereichs „Analysis", Quelle: eigene Darstellung

---
4 Die Autoren bieten an dieser Stelle auch passende Aufgaben, bzw. Aufgaben-Arten an.

Das **Vorwort** bestand weitgehend aus einem kommentierten Überblick zu den Inhalten:

> Bevor mit den eigentlichen Themen der 12. Jahrgangsstufe begonnen wird, sollen Sie zunächst einmal wichtige, in früheren Klassen besprochene Sachverhalte wiederholen.
>
> Dazu werden einige grundlegende Funktionen mit ihren Eigenschaften in einer Tabelle zusammengestellt, und zwar Geraden, Parabeln, Polynome, rationale Funktionen, Exponentialfunktionen und trigonometrische Funktionen.
>
> Wie kann man Funktionen abändern (verschieben, stauchen und strecken und miteinander verknüpfen)? Zwei wichtige Eigenschaften von Funktionen sind in Klasse 11 herausgearbeitet worden: Stetigkeit und Differenzierbarkeit.

Tabelle 3-3: Vorwort des Themenbereichs „Analysis", Quelle: eigene Darstellung

Hier wird in Ansätzen deutlich, dass die Behandlung der angesprochenen Themen zumindest komplex ist. Eine zumeist weite Perspektive auf das Wissen (siehe Kapitel 4) ist also notwendig, um mit den oben erwähnten mathematischen Mitteln die Lösung eines gegebenen Problems durchführen zu können. Viele Vernetzungen können die Lösung eines gegebenen Problems erleichtern.

Eine **Tabelle zu den Funktionstypen** war gegliedert in

1. Spalte: „Funktion" • 2. Spalte: „Term".
Neben den Namen und Termen von Funktionsklassen befanden sich die
3. Spalte: „Eigenschaften" • 4. Spalte: „Umbau".

Vernetzungen sind also z.B. möglich bei einer Modellierung: welche Funktionsklasse ist geeignet? Muss der Term noch angepasst bzw. „umgebaut" werden? Wie geht das? Etliche weitere Vernetzungen sind denkbar, da Vernetzungen individuell entstehen. Auf der ersten Seite des Lehr / Lernmaterials stand eine große Tabelle mit den laut Lehrplan vorgesehenen Funktionsklassen, die vielfache Informationen zu den Funktionen enthielt. Da sind zum Einen die Spaltenüberschriften „Funktion" und „Term" mit den Standardinformationen zu einer Funktionsklasse. Zum Anderen machten

3.1 Beschreibung des Unterrichtsprojekts und der Materialien

die beiden Spalten „Eigenschaften" und „Umbau" deutlich, dass Name und Term einer Funktionsklasse etwa zur Verwendung in einer Modellierung unzureichend sein können.

Abgebildet ist hier die erste Zeile der Tabelle (Tabelle 3.1-004) mit den Überschriften der Spalten und die zweite Zeile, jetzt mit der Geraden. Die gesamte Tabelle bietet reichlich Verbindungen an:

Funktion	Funktions-vorschrift	Eigenschaften		Umbau
Gerade	f(x) = ax + b	maximal eine Nullstelle		|x|: Betragsfunktion
		a: Steigung (tan des Winkels, den Gerade und x-Achse einschließen)		[x]: Gaußklammer-Funktion
		b: y-Achsenabschnitt		

Tabelle 3-4: Funktionstypen, Quelle: eigene Darstellung

Das nebenstehende Puzzle-Teil kennzeichnet das „Baukastenprinzip". Es weist hier darauf hin, dass Funktionen in der rechten Spalte Spezialfälle (mit Zusätzen) der jeweils links stehenden Funktion sind.
Im Lehr- / Lerntext wird auf dieses „Logo" eingegangen.

Im Lehr- / Lerntext folgt unmittelbar eine zweite Tabelle, die weitere Anpassungsmöglichkeiten für beliebige Funktionen auflistet: verschieben und stauchen / strecken, jeweils in x- und y-Richtung. Es wird also hier eine weite Perspektive auf das Wissen über das Anpassen von Funktionen angeboten.

verschieben +		stauchen / strecken	
a+f(x)	in y-Richtung ——— a > 0: nach oben a < 0: nach unten	a · f(x)	in y-Richtung $\|a\|$ > 1: strecken $\|a\|$ < 1: stauchen *a < 0: zusätzlich spiegeln an der x-Achse*
f (a+x)	in x-Richtung a > 0: nach links a < 0: nach rechts	f(a · x)	in x-Richtung $\|a\|$ > 1: stauchen $\|a\|$ < 1: strecken *a < 0: zusätzlich spiegeln an der y-Achse*

Tabelle 3-5: Anpassungsmöglichkeiten von Funktionen, Quelle: eigene Darstellung

Als Beispiele zu Grundvorstellungen stehen z.B. in der Zusammenfassung:

1.1 → Wir besprachen Aufgaben zur **Optimierung** (Maximum, Minimum) bestimmter Größen als Anwendung der Differentialrechnung.

1.2 → Wir lernten hier eine erste Möglichkeit der Rekonstruktion des Verhaltens im Großen aus der Kenntnis im Kleinen (Änderungsverhalten) kennen: Kommt man von der Ableitung zurück zur Funktion? Antwort: **Mittelwertsatz**.
Eine Verallgemeinerung des Mittelwertsatzes (**Satz von Taylor**) bietet eine Möglichkeit, differenzierbare Funktionen näherungsweise durch Polynome zu ersetzen.
Eine spezielle Anwendung des Satzes von Taylor ist der **Binomische Lehrsatz**
(Formel für $(a+b)^n$).

1.3 → Beim Satz von Taylor kann man, wenn man ihn „ohne Ende" anwendet, eine unendliche Summe erhalten. Solche Summen nennt man **unendliche Reihen**. Die „handlichen" (=konvergenten) unter ihnen erweisen sich als nützliche Bauteile zur Darstellung von Funktionen.

Tabelle 3-6: Beispiele zu Grundvorstellungen, Quelle: eigene Darstellung

3.1 Beschreibung des Unterrichtsprojekts und der Materialien

Hier sind einfache Grundvorstellungen angegeben wie **Optimierung** bis hin zu dem Aspekt des Satzes von Taylor als Produzent **nützlicher Bauteile** zur Darstellung von Funktionen.
Grundvorstellungen tauchten auch explizit auf, z.b. in der Integralrechnung ansatzweise nach Blum / Kirsch (1996) und Tietze u.a. (1997): In der „geometrischen Integraldefinition" steht das (näherungsweise) Berechnen von krummlinig begrenzten Flächen im Vordergrund, wobei betont wird, dass in der Regel die sich ergebende Maßzahl der Fläche im Sachkontext der Aufgabenstellung nichts mit „Fläche" zu tun hat. Die „analytische Integraldefinition" basiert auf der Grundvorstellung „Umkehrung der Differentialrechnung", die wiederum in Verbindung mit Grundvorstellungen zur Differentialrechnung entsprechende parallele Grundvorstellungen fördert.

Es folgt ein Beispiel für eine **Aufgabe**, die auch als Projektaufgabe sinnvoll wäre. Sie steht in der Rubrik „Anwendung und Modellierung".

Als Vortext zu der Aufgabe stehen einige geschichtliche Daten zu Leonardo von Pisa, eher bekannt unter Fibonacci, und dann folgen diverse Teilaufgaben, die alle etwas mit Fibonaccis Zahlen zu tun haben. Das vorstehende Beispiel ist Teil e) dieser Aufgabe, eine Teilaufgabe nur zum Lesen und zum Erzeugen von Interesse an den vielfachen Anwendungsmöglichkeiten für die Fibonacci-Zahlen.
Der historische Rückblick zeigt zumindest, dass auch dem „bedeutendsten Mathematiker im mathematischen Mittelalter" Erkenntnisse und Lösungen nicht zugeflogen sind. Er musste daran auch hart arbeiten.

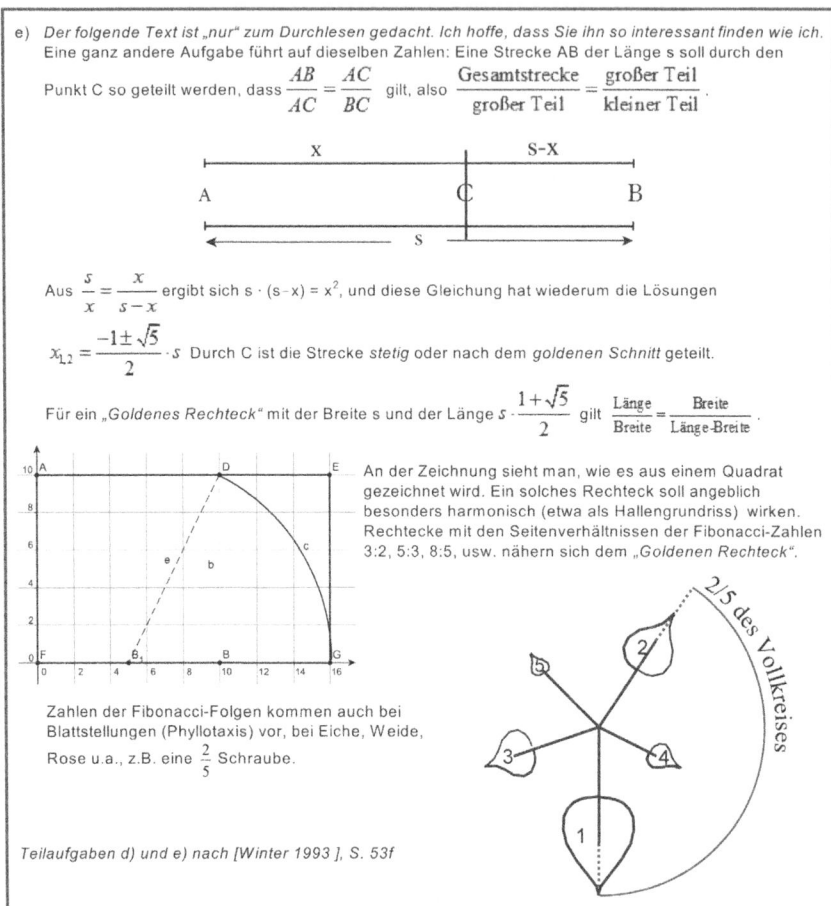

Abb. 3-1: Aufgabe „Anwendung und Modellierung", Quelle: Winter 1993, S. 53f

Mit einem Beispiel einer Projektaufgabe werden nun die Beispiele zur Analysis beendet. Es handelt sich dabei um eine Aufgabe mit Realitätsbezügen und innermathematischen Beziehungen, die auch davon abhängen, ob diese Art von Aufgaben zur mathematischen Beschreibung von Wachstum den Schülerinnen und Schülern schon bekannt waren oder nicht.

Es ist die Projektaufgabe 3, welche das Kapitel zum Thema Differentialrechnung beendet.

Projektaufgabe 3

Die reinen exponentiellen Wachstumsfunktionen sind für längere Zeiträume wenig überzeugende Modelle, da z.b. die Beschränktheit des Lebensraumes und der Lebensmittel ein unbeschränktes exponentielles Wachstum gar nicht zulassen. Oft beobachtet man ein sogenanntes „logistisches" Wachstum (diesen Namen wählte der belgische Mathematiker PIERRE-FRANCOIS VERHULST (1804 - 1849), wobei unbekannt ist, warum er den Namen gewählt hat. Man nennt dieses Wachstum nach seinem „Entdecker" auch Verhulst-Wachstum), das durch die Funktion

$$K(x) = \frac{K}{1+a \cdot e^{-\lambda \cdot K \cdot x}} \quad (\text{mit } x \geq 0)$$

beschrieben wird, wobei K eine positive Zahl (die Kapazität) größer als K(0) ist und a und λ ebenfalls positive Konstante sind.

Wir wollen jetzt die Bedeutung der eben erwähnten Konstanten und den prinzipiellen Verlauf der Funktion erforschen.

a)   Betrachten Sie zunächst ein Beispiel aus der Zoologie, nämlich das Wachstum einer Drosophila-Population:
Die Funktion des logistischen Wachstums lautet hier

$$K(x) = \frac{350}{1+148 \cdot e^{-0,2}}.$$

a1)   Welche konkreten Zahlenwerte haben jetzt die Konstanten K, a und λ?
a2)   Betrachten Sie den Graphen der Funktion und interpretieren Sie ihn:

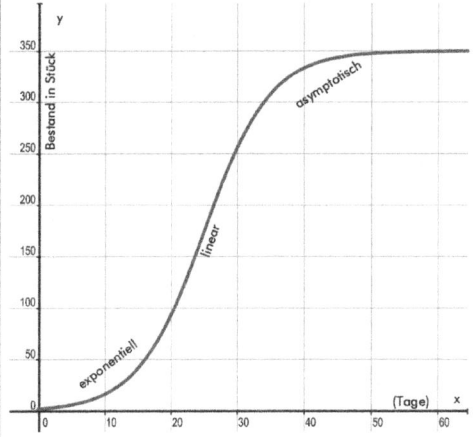

b)   Versuchen Sie, möglichst viele Eigenschaften des logistischen Wachstums zu erkennen und die Bedeutung der Konstanten zu entschlüsseln.
c)   Zeigen Sie, dass für die erste Ableitung von K(x) folgende Beziehung gilt:
$K'(x) = \lambda \cdot K \cdot K(x) - \lambda \cdot (K(x))^2$
Interpretieren Sie diese Gleichung (im Wachstumsmodell).

Abb. 3-2: Projektaufgabe, Quelle: nach Winter 1993, S. 208ff

Beispiele
Analytische Geometrie • Lineare Algebra

Die Bearbeitung der folgenden Beispiele und Aufgaben entsprach im Wesentlichen jenen im Analysis-Teil:
Die Lösungen der Projektaufgaben wurden im Unterricht besprochen um sicher zu gehen, dass alle Lernenden den Lösungsvorschlag verstanden hatten. Weitere Lösungsvorschläge waren erwünscht. Wie sah es aus mit dem Vorangehen im Unterricht?
Letztlich sollten die Schülerinnen und Schüler individuell Vernetzungen aufbauen, dazu sind hinsichtlich der mathematischen Inhalte auch Beispiele mit Grundvorstellungen sinnvoll, die - wie bereits erklärt - sich z.B. auf Fragen (Wofür? Was?... • s.o.) beziehen.
Schülerinnen und Schüler werden zunächst für die Theoriebildung und die Realitätsbezüge eine reiche Auswahl an Grundvorstellungen angegeben.

Die Inhalte des Lehrtextes im **Unterricht** habe ich wieder selektiv behandelt: Von den abgedruckten Beweisen sind nur einige in voller Ausführlichkeit besprochen, manche auch „nur" auf eine anschauliche Art plausibel gemacht worden[5], einige wurden ganz übergangen. Einzelne Themen des Bereichs *Lineare Algebra/Analytische Geometrie* habe ich nur kurz angesprochen, auch unter Berücksichtigung der aktuellen Unterrichtssituation.

Den größten Anteil am Unterricht umfasst der Themenbereich Lineare Algebra. Da dieser Teil einigen Lernenden große Schwierigkeiten bereitete, entschloss ich mich, zu einzelnen Aspekten graphische Darstellungen anzufertigen, die allerdings höchstens partielle Ähnlichkeiten zu den von den Lernenden individuell angefertigten Concept Maps aufweisen. Im Zentrum der Darstellungen stand die „Lineare Struktur", im ersten Beispiel bei Abbildungen.

---

5 im Sinne eines präformalen Beweises. Siehe dazu z.B. Tietze et al. (1997, S. 156).

struktur-erhaltende Abbildung
Homomorphismus

- *Summe bleibt Summe*
- *Produkt bleibt Produkt* (Skalar mal Vektor)
- *Nullvektor bleibt Nullvektor*
- *invers bleibt invers*
- *Teilraum bleibt Teilraum*
- *abhängig bleibt abhängig*

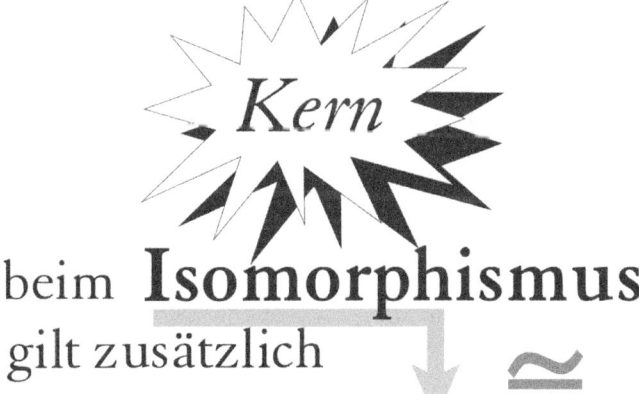

beim **Isomorphismus** gilt zusätzlich   ≈

- *unabhängig bleibt unabhängig*

Abb. 3-3: 1. Beispiel für Plakat zu linearen Strukturen, Quelle: eigene Darstellung

Abb. 3-4: 2. Beispiel für Plakat zu linearen Strukturen, Quelle: eigene Darstellung

3.1 Beschreibung des Unterrichtsprojekts und der Materialien

Das waren Plakate, es gab aber auch Zettel zum Ausfüllen:
Es wird also wieder gefragt: Was? und Wozu? (Was nutzt das?)

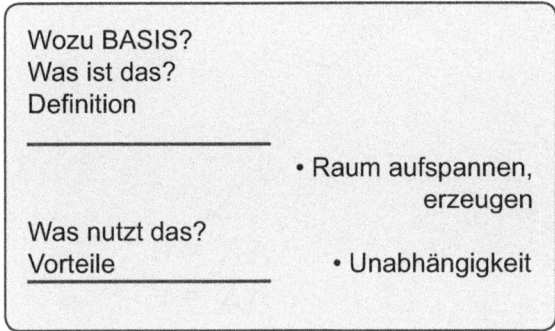

Abb. 3-5: Zettel zum Ausfüllen, Quelle: eigene Darstellung

Beispiele
Verbindung von Analysis mit Linearer Algebra

Der zum Zeitpunkt der Datenerhebung gültige Hamburger Lehrplan sah für das dritte Halbjahr auch eine Verbindung der beiden bisher behandelten Themenbereiche vor. So wurde in den nach Abschluss der *Linearen Algebra* verbleibenden Wochen des dritten Halbjahres der Fokus auf den Aspekt Nullstellen gelenkt, der bekanntermaßen in der *Analysis* oft auftaucht, etwa bei der Berechnung von Extremwerten, aber auch in der *Linearen Algebra* bei der Lösung von Gleichungssystemen (AX - B = 0). In beiden Themenbereichen versagen in der Anwendung oft die üblichen exakten Verfahren.
  Die Lernenden bearbeiteten in Gruppen zwei derartige realitätsnahe Problemstellungen:

- Zum Themenbereich *Analysis* war es die aus der Literatur wohlbekannte Milchtütenaufgabe (siehe z.B. Henn 1997, S. 33ff), bei der überprüft werden sollte, ob die im Handel erhältliche Litertüte Frischmilch mit quadratischer Grundfläche minimalen Materialverbrauch aufweist. Dabei sollten die Lernenden ein geeignetes mathematisches Modell erarbeiten und eine Lösung ermitteln. Die Lösung dieser Extremwertaufgabe ist nur mit einem numerischen Verfahren möglich, das nicht vorgegeben wurde.

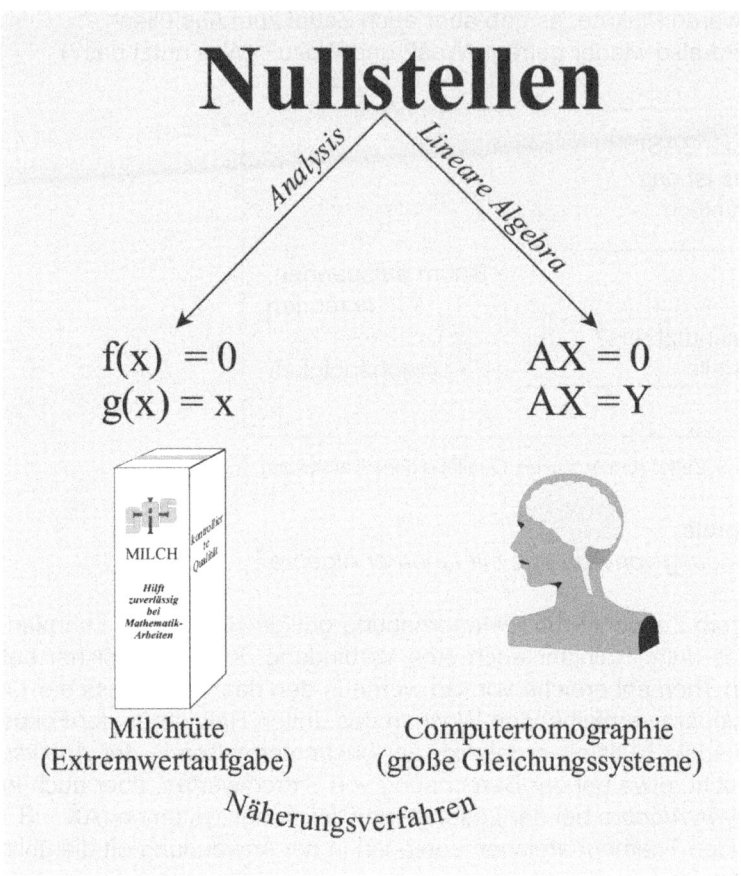

Abb. 3-6: Concept Map zur „Milchtütenaufgabe", Quelle: Henn 1997, S. 33ff

- In der Aufgabe zum Themenbereich *Lineare Algebra* ging es um „Computertomographie", bei der extrem große und überbestimmte lineare Gleichungssysteme gelöst werden müssen. Obwohl das im Unterricht besprochene Verfahren von Gauß theoretisch exakte Lösungen liefert, ist es für den hier unumgänglichen Computereinsatz wegen der auftretenden Rundungsfehler ungeeignet. Das von Reichel / Zöchling (1990) erwähnte Näherungsverfahren konnte ansatzweise von den Lernenden entdeckt werden, es erwies sich

3.1 Beschreibung des Unterrichtsprojekts und der Materialien

als leicht verständlich und anwendbar. In der nachfolgenden Klausur waren alle Mitglieder der Lerngruppe in der Lage, mit diesem Verfahren korrekt umzugehen.

Bevor wir uns klarmachen, wie dieses System (oder überhaupt ein solches System) zustande kommt, wollen wir uns mit einigen Eigenschaften und mit Möglichkeiten zu seiner Lösung vertraut machen.

1. Notieren Sie sich alles, was Ihnen an der Form des Gleichungssystems auffällt.

1. Überlegen Sie sich eine Möglichkeit zur näherungsweisen Lösung.
   In der Realität treten Tausende von Gleichungen mit Tausenden von Variablen auf; da ist eine „exakte" Lösung mit dem Gaußschen Eliminationsverfahren nicht möglich. (Warum?)

Entstehung des Systems
Wir denken uns das sechsteilige Raster, das unten abgebildet ist, als zu erforschende Fläche (z.B. Schnitt durch das Gehirn).

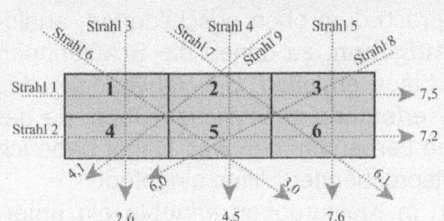

Es wird ein Strahl mit einer bestimmten Intensität losgeschickt und seine Ausgangsintensität nach der Durchdringung des Rasters gemessen. Die Differenz ist der Absorptionsverlust, der proportional zur durchdrungenen Masse ist.
Es interessiert jedoch die Masse jeder einzelnen Rasterfläche. Um diese zu erhalten, werden die Strahlen in verschiedene Richtungen gedreht, bis alle Rasterflächen mehrfach durchleuchtet wurden.

Abb. 3-7: Aufgabe zur „Computertomographie", Quelle: eigene Darstellung

Der Kontext „Computertomographie" wirkte auf die Lernenden hochmotivierend. Nach Abschluss des diskreten Modells konnte sogar noch das ältere kontinuierliche Modell besprochen werden, das mit Differentialgleichung und Integral starke Vernetzungen zur Analysis aufweist (zum kontinuierlichen Modell siehe Reichel u.a., 1999, S. 101).

Bei beiden Problemen wurden auch noch Fehlerbetrachtungen durchgeführt, wobei erneut Vernetzungen angeboten wurden.

Unterricht • Themenbereich

Stochastik

Das verwendete **Lehrbuch** „Stochastik mit DERIVE" (Grabinger 1996) zeichnet sich durch viele mehr oder weniger realitätsnahe Aufgaben aus, die im Unterricht auch gezielt zur Entwicklung von Inhalten genutzt wurden. Andererseits kamen die theoretischen Grundlagen der *Stochastik* zu kurz. Ich habe daher eine entsprechende Übersicht für die Schülerinnen und Schüler erstellt.

Das Niveau des Lehrbuches ist über weite Teile relativ niedrig, sodass es auch in der Mittelstufe eingesetzt werden könnte. Weil aber das Thema *Stochastik* für fast alle Lernenden vollkommen neu war, hatte so jede Schülerin und jeder Schüler die Möglichkeit die angebotenen Inhalte zu verstehen.

Es verwundert daher nicht, dass alle Kursteilnehmer(innen) dieses Thema als leicht einschätzten.

Der Verlauf des **Unterrichts** entsprach dem oben geschilderten, analoges gilt für die Bearbeitung der **Aufgaben**, zu denen die Schülerinnen und Schüler wieder Lösungsvorschläge erhielten. Die Verwendung des Computeralgebrasystems „Derive" erforderte zusätzliches Üben, da der Umgang mit dieser Software für die Lernenden neu war. Daher habe ich in die Lösungsvorschläge auch entsprechenden Hilfen eingefügt.

Das individualisierende Lernen in Kleingruppen erlaubte ein unterschiedliches Lerntempo für die Schülerinnen und Schüler. Die Vernetzungen werden dabei nicht vom Lehrer „übergestülpt", sondern vom Individuum in Auseinandersetzung mit den Inhalten aufgebaut.

Als Beispiel ist nun die theoretische Fundierung (etwas verkürzt) abgebildet:

3.1 Beschreibung des Unterrichtsprojekts und der Materialien

ERGEBNISRAUM	Die möglichen Ergebnisse eines Zufallsexperiments werden formuliert und in einer Menge Ω zusammengefasst. Es handelt sich in der Schule oft um endlich viele Elemente, Ω darf jedoch auch unendlich viele Elemente enthalten. Teilmengen von Ω heißen EREIGNISSE, die Elemente von Ω, die Ergebnisse, werden manchmal auch ELEMENTAREREIGNISSE genannt.
W-MASS	Wir geben eine Abbildung P: $\Omega \to \mathrm{IR}$ an als Maß für die Wahrscheinlichkeit von Ereignissen. Die grundlegenden Eigenschaften dieser Abbildung P leiten wir aus den Eigenschaften der relativen Häufigkeit her: **P(A) ≥ 0 für alle Ereignisse A** (Teilmengen A von Ω) **P(Ω) = 1 und** **P(A+B) = P(A) + P(B) für alle Ereignisse A, B mit A ∩ B = Ø** Im Falle der Endlichkeit von Ω wird jedem Element ω_i von Ω seine Wahrscheinlichkeit p_i zugeordnet. p_i ist eine reelle Zahl zwischen 0 und 1. Die Summe aller p_i ergibt stets 1. *Die konkreten Werte für die Abbildung P ergeben sich nicht aus den eben genannten Eigenschaften. Sie sind Bestandteil eines konkreten Modells. So hatten wir für nicht endliches Ω z.B. Längen- bzw. Flächenmaße zur Bildung der Abbildung P verwendet.*
KONKRETES MASS	Alle Elemente aus Ω haben dasselbe Gewicht, es herrscht Gleichverteilung. Dann gilt für das W-Maß P (falls $\lvert\Omega\rvert < \infty$): $$P(A) = \frac{\lvert A\rvert}{\lvert\Omega\rvert}.$$ Es müssen also Elemente gezählt werden. Dazu lernten wir Formeln der Kombinatorik kennen: **k-Permutation mit und ohne Wiederholung** **k-Kombination ohne Wiederholung.**

Tabelle 3-7: Theoretische Fundierung zur „Stochastik", Quelle: eigene Darstellung

Rückschau und Zusammenfassung, die im Text enthalten sind, bieten Verbindungen an.

Zur Dokumentation der Entwicklung der einzelnen Lernenden wurden auf verschiedene Arten Daten erhoben, wie ich später näher erläutern werde. Weil diese Maßnahmen jedoch durch ihren metakommunikativen Charakter gleichzeitig Vernetzungen fördern, sind sie damit auch Bestandteil des Unterrichts. Dazu gehörte vor allem, dass die Schülerinnen und Schüler zu verschiedenen mathematischen Themengebieten in Anlehnung an Hasemann (1992, S. 1ff) Concept Maps erstellten, von denen drei die Grundlage für die drei Interviews bildeten. Auf den Doppelcharakter von Concept Maps als Forschungs- und Lehrmethode weist Hasemann explizit hin.

3.2 Kritischer Rückblick

Im Nachhinein kann kritisch zu den Unterrichtsmaterialien festgestellt werden, dass sie zwar eine Fülle von Vernetzungen angeboten haben, sie jedoch auch Schwächen aufwiesen.

Die Ideen der Analysis entwickelten sich spiralförmig aus vielen Themenbereichen der Unter-und Mittelstufe heraus, es gab also für die Lernenden die Möglichkeit, die Analysis mit den Themengebieten der Mittelstufe zu verbinden. Dies galt nicht für die Lineare Algebra/Analytische Geometrie, die für alle Schülerinnen und Schüler neu war, besonders die abstrakte Entwicklung der Linearen Algebra. Von daher fehlten Anknüpfungspunkte zum früher erworbenen Wissen, was die Herstellung von Vernetzungen schwierig machte. Das Thema Stochastik war für fast alle Lernenden neu, das Niveau des Lehrbuchs war über weite Teile relativ niedrig, überforderte die Lernenden daher nicht, allerdings bot das Lehrbuch nur wenige Vernetzungen zu den anderen mathematischen Themengebieten, eher noch zu außermathematischen Anwendungen.

Des Weiteren ist festzustellen, dass die inhaltliche Fülle beim Thema Lineare Algebra/Analytische Geometrie und die ungewohnt abstrakte Entwicklung der Inhalte Ausführungen von Spitzer widerspricht, der darauf hinweist, dass der Kortex langsam lernt, durch repetitive Verarbeitung von Reizen (1996, S. 147, 221). Bemerkenswert ist in diesem Zusammenhang die Äußerung eines Schülers – Peter –, der schon im ersten Interview darüber klagte, dass die Inhalte immer spezieller würden, was sein Interesse

3.2 Kritischer Rückblick

vermindern würde (siehe 5.2.1, S. 87). Daraus folgt für mich nach Auswertung der Daten, dass die Stofffülle im Allgemeinen reduziert werden sollte, damit sich ausreichend Vernetzungen bilden können und so individuell Sinn gestiftet wird. Das gilt besonders für den Themenbereich Lineare Algebra/Analytische Geometrie, bei dem es traditionell nur wenige Bezüge zum Mittelstufenunterricht gibt.

Insgesamt fiel es bei diesen unterschiedlichen Voraussetzungen schwer, Entwicklungen in der Qualität der Vernetzungen zu rekonstruieren. Ich werde darauf noch in der Rekonstruktion der Typen von Vernetzungen im Detail eingehen.

4 Methodologie und methodisches Vorgehen

In diesem Kapitel wird das der vorliegenden Studie zugrundeliegende methodische Vorgehen dargestellt und in die Diskussion zu unterschiedlichen Forschungsparadigma eingeordnet. Dazu wird zunächst die qualitative Verortung der Arbeit dargestellt und begründet und daran anknüpfend das Design der Studie und die verwendeten Methoden beschrieben. Eine zentrale Funktion bei der Rekonstruktion der von den Lernenden hergestellten Vernetzungen nehmen Concept maps ein, in denen die Lernenden selbst Vernetzungen zwischen mathematischen Begriffen und Methoden herstellen und beschreiben. Des Weiteren wird ein Analyseschema entwickelt, mit dem die Vernetzungen der Lernenden erhoben und rekonstruiert wurden. Abschließend wird der Prozess der Typenbildung beschrieben, in dem die verschiedenen Ausprägungen des zweidimensionalen Konstrukts Vernetzung als Konstituierung von kognitiven Beziehungsstrukturen zwischen mathematischen Inhalten zu verschiedenen Typen von Vernetzungen führen.

Für die mathematikdidaktische Forschung lassen sich im Wesentlichen zwei unterschiedliche methodologische Ansätze unterscheiden, die sich stärker im qualitativen bzw. quantitativen Design unterscheiden. Die Unterscheidungen zwischen beiden Paradigma sind hinlänglich an vielen Stellen dargestellt (siehe u.a. die ausführlichen Darstellungen von Kelle, 2007), so dass ich darauf hier verzichte. Die vorliegende Studie ist – wie in 4.1. noch ausgeführt wird – in einem qualitativen Design verortet. Eine quantitativ orientierte Studie wäre aufgrund des niedrigen Erkenntnisstandes zu Vernetzungen beim mathematischen Lernen nicht möglich gewesen, aber auch die nötigen Methoden der Introspektion lassen quantitativ orientierte Methoden als nicht angemessen erscheinen.

Neben dem qualitativen Ansatz bestünde auch die Möglichkeit der Verortung in der Aktionsforschung. Nach Altrichter / Posch (1998, S. 15ff)[6] hat Aktionsforschung hinsichtlich schulbezogener Untersuchungen u.a. folgende Charakteristika:

- Forscher und als betroffene Lehrperson gleichzeitig „Beforschter"
- die Fragestellung ist praxisrelevant
- die Untersuchung beobachtet Entwicklungen der Praxis.

---
6 Es gibt noch weitere Elemente der Aktionsforschung, die in der vorliegenden Untersuchung nicht auftreten.

Diese Charakteristika weisen die vorliegende Untersuchung auch auf, nämlich Forscher und Beforschter, die Fragestellungen sind relevant für den Unterricht und die Untersuchung dauerte zwei Jahre.
Andererseits ist aber das methodische Vorgehen eher im qualitativen Paradigma angesiedelt, denn es liegt keine Theorie zu der Arbeit vor, vielmehr soll sie erst generiert werden, basierend aus den erhobenen Daten. Und dazu schreiben Uwe Flick et al. (2000, S. 30)

> Gerade der persönliche Zugang zum Feld, die Haltung zu den Menschen in ihren spezifischen Milieus, ein originelles und suchendes Vorgehen bei der Methodenentwicklung, Mut zur Theorieentwicklung [...] spielen bei der qualitativen Forschung eine große Rolle.

4.1 Theoretische Verortung im qualitativen Design

Insgesamt ist das methodische Vorgehen im qualitativen Paradigma verortet, da noch keine Theorie zu Vernetzungen mathematischer Inhalte, wie sie Lernende im Lernprozess herstellen, existiert. Vielmehr will diese Arbeit einen Baustein zur Entwicklung einer solchen Theorie leisten, generiert aus den empirischen Daten.
Flick et al. schreiben dazu:

> Gerade der persönliche Zugang zum Feld, die Haltung zu den Menschen in ihren spezifischen Milieus, ein originelles und suchendes Vorgehen bei der Methodenentwicklung, Mut zur Theorieentwicklung [...] spielen bei der qualitativen Forschung eine große Rolle. (Flick et al., 1995, S. 30)

Die vorliegende Studie hat also das Ziel, die von Schülerinnen und Schülern im mathematischen Lernprozess konstituierten individuell verschiedenen Vernetzungen zu rekonstruieren und daraus Typen von Vernetzungen zu entwickeln.

Flick et al. entwickeln 12 Kennzeichen qualitativer Forschungspraxis, an denen die vorliegende Studie orientiert ist. Sie weisen darauf hin, dass die Praxis qualitativer Forschung dadurch geprägt ist, dass es nicht die Methode für eine qualitative Studie gibt, sondern dass es ein ganzes Spektrum unterschiedlicher methodischer Ansätze gibt, die entsprechend der Fragestellung und der Forschungstradition ausgewählt werden. Eng mit diesem Kriterium des methodischen Spektrums statt der Einheitsme-

4.1 Theoretische Verortung im qualitativen Design

thode ist das Kriterium der Gegenstandsangemessenheit von Methoden verbunden, das die enge Anbindung der verwendeten Methoden an die Fragestellung und das untersuchte Feld beinhaltet. Beide Kriterien finden sich in der vorliegenden Studie durch die Kombination unterschiedlicher methodischer Zugänge wieder, die besonders für die Introspektion, d.h. Einsicht in interne Prozesse der Wissenskonstituierung, geeignet sind. Zentral für qualitative Forschung ist des Weiteren die starke Orientierung am Alltagsgeschehen, die hier durch die Einbettung der Studie in alltäglichen Mathematikunterricht gewährleistet war. Kriterium 4 beinhaltet die Kontextualität als Leitgedanken, das hier ebenfalls gegeben ist. Mit den verwendeten Methoden von Concept Maps und Interviews sind die Perspektiven der Beteiligten berücksichtigt, da die Daten in ihrem natürlichen Kontext in Form längerer Ausführungen erhoben wurden, u.a. durch von einer Studentin geführten Interviews, was Kriterium 5 darstellt. Kriterium 6 zielt auf die Reflexivität des Forschers über sein Handeln, was mit den Ergebnissen der vorliegenden Arbeit dokumentiert wird. Erkenntnisprinzip qualitativer Forschung ist dabei auch das Verstehen komplexer Zusammenhänge in Abgrenzung von Erklärungen durch Isolierung einzelner Beziehungen. Auch dieses Kriterium – Nummer 7 – ist in der Arbeit erfüllt, da keine isolierten monokausalen Erklärungen entwickelt werden, sondern bereits das Konstrukt Vernetzung multidimensional angelegt ist. Besondere Bedeutung hat Kriterium 8, das Prinzip der Offenheit, das darauf abzielt, nicht mit starren Beobachtungsrastern zu arbeiten, sondern offen zu beobachten. Auch dieses Kriterium ist mit den offen gestalteten Concept Maps und den halbstandardisierten Interviews erfüllt. Kriterium 9 zielt auf die Fallanalyse als Ausgangspunkt, was in der Studie durch den Fokus auf einzelne Schülerinnen und Schüler gewährleistet ist. Qualitative Forschung geht nach Uwe Flick et al. von der Konstruktion der Wirklichkeit durch die Untersuchung aus, was sich in meiner Studie zeigt durch die Betonung der Individualität der hergestellten Vernetzungen durch die Lernenden, die rekonstruiert werden, nicht aber als determinierte Wirklichkeit, die es zu entdecken gilt, aufgefasst werden. Kriterium 11 beschreibt qualitative Forschung als Textwissenschaft, die von textlich gegebenen Datenquellen ausgeht, was mit dem Vorliegen von Concept Maps und Transkripten der Interviews ebenfalls in meiner Studie gegeben ist. Theorieentwicklung ist die zentrale Zielsetzung von qualitativer Forschungspraxis, die sich als entdeckende Wissenschaft begreift. Wie bereits erwähnt ist Ziel meiner Studie die Entwicklung von Typen von Vernetzungen mathematischen Wissens bei den Lernenden, damit will die

Studie einen Beitrag zum besseren Verständnis der psychologischen Vorgänge beim Verständnis mathematischer Lernprozesse leisten (Flick et al., 1995, S. 22ff).

4.2 Eigenes methodisches Vorgehen

Es wurde wie bereits erwähnt von 2000 bis 2002 ein Unterrichtsprojekt an einem Hamburger Gymnasium durchgeführt in einem Leistungskurs der Studienstufe. An dem Kurs nahmen 9 Lernende teil, x Jungen, y Mädchen. Für die Studie konnten nur 8 Lernende berücksichtigt werden, da ein Lernender häufig fehlte. Der Kurs wurde von mir selbst unterricht, mit selbst entwickelten Materialien, mit denen ich eine spezifische Lernumgebung hergestellt habe.

In der Studie wurden folgende Instrumente der Datenerhebung eingesetzt: Concept Maps, Interviews und Teilaufgaben aus Klausuren, die mit Vernetzungen verbunden waren. Dabei stellen die Interviews, die jeweils auf einer individuell erstellten Concept Map basierten, den Kern der Datengrundlage dar. Die Klausuraufgaben dienten ausschließlich dazu, die jeweilige Schlüssigkeit der Auswertung in Form einer Schulnote zu überprüfen.

Die abgebildete Concept Map gibt einen Überblick über die vorliegende Arbeit. Sie dient zudem als Orientierung hinsichtlich des im Folgenden beschriebenen eigenen methodischen Vorgehens.

Daten erheben
Concept Map

Concept Maps helfen die Vernetzungen zu visualisieren. Diese Concept Maps gibt es in vielen Ausprägungen, die sich zumeist in den Gestaltungsvorschriften, welche die Vergleichbarkeit verbessern sollen, unterscheiden.

Die von mir ausgesuchte Art der Concept Maps nach Hasemann, die *als Methode zur Analyse mathematischer Lern- und Denkprozesse* konzipiert ist, enthalten nur wenige Restriktionen, sodass die Schülerinnen und Schüler ihrer Phantasie freien Lauf lassen können, sie brauchten sich nicht zu „verbiegen". Und im Mittelpunkt steht die inhaltliche Analyse anstelle des Einhaltens diverser Vorschriften.

4.2 Eigenes methodisches Vorgehen

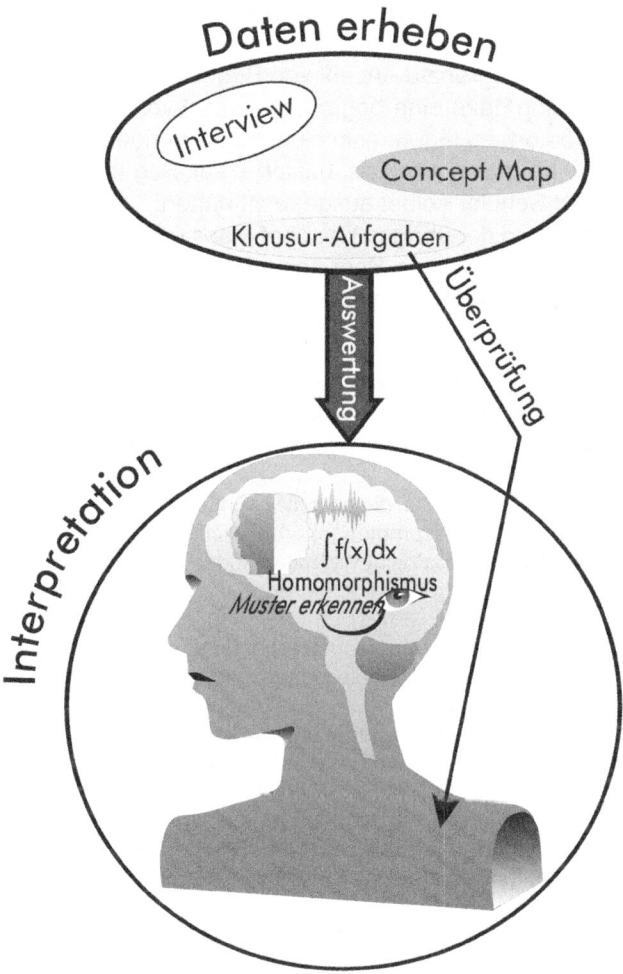

Abb. 4-1: Visualisierung von Vernetzungen durch Concept Maps,
Quelle: eigene Darstellung

Das Herstellen von Concept Maps war Schülerinnen und Schülern unbekannt. Daher erstellten sie vorweg drei weniger komplexe Concept Maps, um mit der Nutzung dieses wichtigen Instruments vertraut zu werden.

Eine Concept Map besteht aus mathematischen Begriffen (oder Symbolen). Die Begriffe werden normalerweise vorgegeben. In meiner Studie war es erlaubt, eine begrenzte Anzahl von Begriffen (Symbolen) hinzuzunehmen, und analog dazu eine begrenzte Anzahl von Begriffen (Symbolen) in den Papierkorb zu legen, also nicht zu verwenden.

Die Concept Map zur Analysis basierte auf Begriffen, die sich die Schülerinnen und Schüler selbst ausgesucht hatten.

Für die Herstellung der übrigen Concept Maps erhielten die Lernenden kleine Zettel mit vorgegebenen Begriffen, die sie nach folgender Gestaltungsvorschrift bearbeiten sollten (was auch für die Analysis galt).

Gestaltungsvorschrift:

Fertigen Sie auf einem Extrazettel nach der folgenden Anleitung eine Skizze an, die für Sie die Beziehungen der Begriffe deutlich macht.

- Legen oder notieren Sie diejenigen Begriffe oder Symbole, die nach Ihrer Meinung eng zusammengehören, dicht beieinander. Diejenigen, die nach Ihrer Meinung nicht viel miteinander zu tun haben, legen oder notieren Sie bitte entsprechend getrennt.

- Kennzeichnen Sie zusammengehörige Punkte, indem Sie um diese Punkte eine geschlossene Linie ziehen, und benennen Sie diese „Mengen" durch Oberbegriffe.
  Kennzeichen Sie bestehende Beziehungen durch Verbindungslinien (nach Möglichkeit mit erklärender Beschriftung).

- Begriffe oder Symbole, die nach Ihrer Meinung für den Zusammenhang wichtig sind, dürfen Sie ergänzen, falls sie in der Liste nicht auftauchen. Analoges gilt für Begriffe oder Symbole, die Sie nicht sinnvoll einbetten können.

Tabelle 4-1: Gestaltungsvorschrift für Concept Maps, Quelle: eigene Darstellung

Einige Lernende verwendeten die Papierkärtchen direkt zum Herstellen eines Entwurfes, weil man diese leicht verschieben konnte, bevor man die „richtige" Ordnung gefunden hatte. Dann klebten sie die Kärtchen auf oder zeichneten sie ab.

Die fertiggestellten Concept Maps wiesen übereinstimmende und weniger übereinstimmende Elemente auf. Das hängt auch von den Vernetzungen ab, die eine Schülerin / ein Schüler bereits erworben hat. Hete-

4.2 Eigenes methodisches Vorgehen

rogenität ist ja durchaus erwünscht, wenn man individuelle Vernetzungen fördern will.

Die Darstellung von Vernetzungen mittels Concept Maps wird z.T. auch als Mittel zum Erlernen mathematischer Zusammenhänge verwendet (vgl. etwa Brinkmann 2007). In meiner Untersuchung geht es jedoch ausschließlich darum, die bereits vorhandene Wissensstrukturen zu rekonstruieren.

In der nachfolgenden Tabelle sind die drei zentralen Concept Maps mit den Themenbereichen und den vorgegebenen Begriffen dargestellt. Diese drei Concept Maps sind auch in den Interviews von zentraler Bedeutung.

Themenbereich	Vorgegebene Begriffe
Analysis	*Keine Vorgaben* *Es zeigt sich eine große individuelle Bandbreite.*
Lineare Algebra 30 Begriffe	*Ableitung, Abstand, Basis, Bezierkurve, Determinante, Dimension, Ebene, Fibonacci - Zahlen, Fraktal, genetische Distanz, goldener Schnitt, Hessesche Normalenform, Homomorphismus, Integral, Isomorphismus, Kern, Länge einer Küstenlinie, lineare Struktur, lineares Gleichungssystem, Linearform, Linearkombination, Lot, Matrix, Menge aller Polynome, Parabolspiegel, Population, Rang einer Matrix, IRn, Skalarprodukt, Vektorraum*
Stochastik 21 Begriffe	*Abzählen, Baumdiagramm, bedingte Wahrscheinlichkeit, Binomialkoeffizient, Daten, Ergebnisraum, Funktion, geometrische Wahrscheinlichkeit, Hypothesentest, Modellbildung, Permutation, Pfadregeln, Produktregel, Rekursion, Struktur, symmetrische Irrfahrt, Tennis, Urne, Wahrscheinlichkeitsmaß, Ziegenproblem, Zufall*

Tabelle 4-2: Die drei zentralen Concept Maps und ihre verwendeten Begriffe, Quelle: eigene Darstellung

Daten erheben

Interviews

Da ich gleichzeitig Forscher und am Lehr-Lern-Prozess Beteiligter war, ist eine jedenfalls teilweise von mir unabhängige Datenerhebung zur Reduzierung von Reaktivitätsphänomenen (FLICK et al. z.B. S. 198 ff) unerlässlich.

Ich übergab die Führung der Interviews an eine Lehramtsstudierende mit Interviewerfahrungen. Durch ihr Alter, welches jenes der Befragten nur wenig überschritt, die entspannte Atmosphäre und geschickte Fragestellungen erhielt sie Antworten und Bemerkungen, die mir in dieser Offenheit wohl nicht gegeben worden wären. Damit konnten sehr tief liegende Schülervorstellungen zu mathematischen Begriffen und deren Vernetzungen rekonstruiert werden.

Zusätzlich vermochte ein Leitfaden-Interview, speziell das fokussierte Interview[7], sowohl vergleichbare Daten zu liefern als auch die Individualität der einzelnen Befragten widerzuspiegeln. Ich entwickelte zusammen mit der Interviewerin (s.o.) einen Leitfaden für die Interviews, die im Wesentlichen aus zwei Teilen bestanden:

(1) Nachfragen zur jeweils angefertigten Concept Map mit viel „Spielräumen in den Frageformulierungen, Nachfragestrategien und in der Abfolge der Fragen" (HOPF, 2005 , S. 351)
(2) Vernetzungs-Aspekte zum jeweils behandelten Thema mit zwei oder drei festgelegten Aspekten, die im Verlauf des Interviews zu weiteren Aspekten führen können.

Dabei handelte es sich weitgehend um „fokussierte Interviews" im Sinne von Flick (S. 94ff) und Hopf (S. 353ff), die die vier Qualitätskriterien fokussierter Interviews weitgehend erfüllen:
(1) Die jeweilige Eröffnungsfrage war immer eine unstrukturierte Frage (bzw. Aufforderung) wie: „Ja also, Herr Euba hat mir ja eure Concept Maps gegeben, und ich würde dich jetzt einfach bitten, mir deine nochmal zu erklären." Es folgten im Zweifel möglichst offene Nachfragen, sodass der Bestandteil *Nichtbeeinflussung* (Flick, 1998, S. 95) gegeben erscheint.
(2) Durch Vorlegen der Concept Map und entsprechende Zusatzfragen ist das bei Flick genannte Kriterium der *Spezifität* (Flick, 1998, S. 95f) ebenfalls als erfüllt.
(3) Da die Interviews vor allem geführt wurden, um Aspekte der Vernetzung zu erfahren, die sich auf den zuvor im Unterricht behandelten Themenbereich beziehen, gab es vielfach Nachfragen im Sinne der *Erfassung eines breiten Spektrums* (Flick, 1998, S. 96). Allerdings wurde dies manchmal durch die zeitliche Vorgabe für die Länge der einzelnen Interviews (15 - 20 Minuten) etwas eingeschränkt.

---

7 Siehe genauere Angaben zu dieser Interview-Art im folgenden Text, siehe auch (Flick, 1998, S. 94ff)

4.2 Eigenes methodisches Vorgehen

(4) Wie schon erwähnt, wurden alle Interviews von einer Studentin durchgeführt, die auch durch ihre altersmäßige Nähe zu den Lernenden eine sehr offene Atmosphäre erzeugen konnte. So äußern sich einige der befragten Lernenden auch durchaus kritisch (z.B. über meinen Unterricht). Damit ist auch das vierte Qualitätskriterium fokussierter Interviews (*Tiefgründigkeit und personaler Bezugsrahmen*, a.a.O, S. 96f), erfüllt.

Mit den Interviews soll basierend auf einer empirischen Grundlage zur *Rekonstruktion subjektiver Theorien* (hier die Qualität der Vernetzung) eines jeden Lernenden beigetragen werden. Dieses Vorgehen erschien schon aus zeitlichen Gründen als angemessener als die von Flick auch beschriebene Struktur-Lege-Technik (a.a.O., S. 102).

Insgesamt ermöglicht die Dauer des Projekts von fast zwei Jahren die Rekonstruktion der Entwicklung der von den Schülerinnen und Schülern konstruierten Vernetzungen mathematischen Wissens sowie meine eigene Entwicklung als beforschte Lehrperson über eine für eine empirische Studie ungewöhnlich lange Zeit.

Zentral in der vorliegenden Arbeit waren also die Interviews (*Februar 2000, November 2000, Mai 2001*), wobei drei Interviews für jede Schülerin sowie jeden Schüler durchgeführt wurden.

Datensatz pro Schüler/Schülerin	
Concept Map 1 Concept Map 2 Concept Map 3	Interview 1 Interview 2 Interview 3

Tabelle 4-3: Datensatz pro Schüler/Schülerin, Quelle: eigene Darstellung

Grundlage bei der Untersuchung war jeweils ein Gespräch über die von der Schülerin bzw. dem Schüler erstellte Concept Map zum aktuellen Unterricht sowie auch weitere Fragen zum aktuellen Unterricht.

Daten erheben
Klausur-Aufgaben

Im Verlauf der Untersuchung fügte ich ab dem 2. Halbjahr in die Klausuren und Tests Teilaufgaben ein, die direkt mit Vernetzungen zu tun hatten.

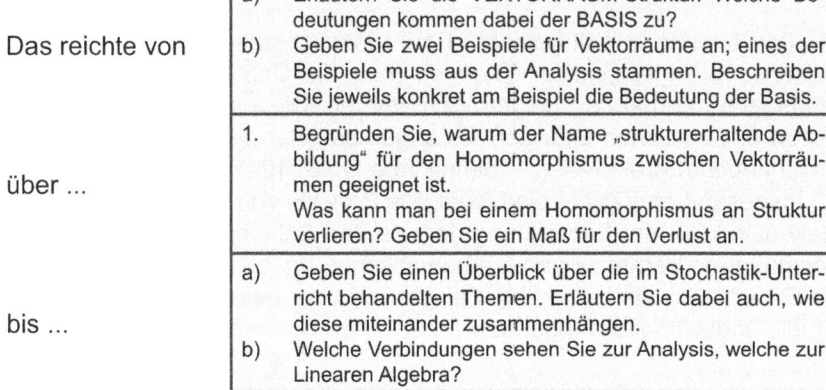

Das reichte von	a) Erläutern Sie die VEKTORRAUM-Struktur. Welche Bedeutungen kommen dabei der BASIS zu? b) Geben Sie zwei Beispiele für Vektorräume an; eines der Beispiele muss aus der Analysis stammen. Beschreiben Sie jeweils konkret am Beispiel die Bedeutung der Basis.
über ...	1. Begründen Sie, warum der Name „strukturerhaltende Abbildung" für den Homomorphismus zwischen Vektorräumen geeignet ist. Was kann man bei einem Homomorphismus an Struktur verlieren? Geben Sie ein Maß für den Verlust an.
bis ...	a) Geben Sie einen Überblick über die im Stochastik-Unterricht behandelten Themen. Erläutern Sie dabei auch, wie diese miteinander zusammenhängen. b) Welche Verbindungen sehen Sie zur Analysis, welche zur Linearen Algebra?

Tabelle 4-4: Klausur-Aufgaben, Quelle: eigene Darstellung

Die Leistungen in den Klausuren und Tests, unter besonderer Beachtung der erwähnten Teilaufgaben mit Vernetzungsaspekten, dienten der Überprüfung der Typzuweisung (s.u.).

Auswertung / Interpretation der Daten
Interview

Die Interviews wurden transkribiert (die Transkripte befinden sich beim Autor und können bei Interesse dort angefordert werden) und unter Rückgriff auf Methoden der qualitativen Inhaltsanalyse nach Philipp Mayring (2003) ausgewertet. Diese Auswertungsmethode erschien als besonders geeignet, da die Inhaltsanalyse eine Methode zur systematischen Analyse von Texten bzw. sogar als Rekonstruktion sozialer Prozesse angesehen wird. Mayring definiert Inhaltsanalyse als eine Methode zur Analyse von Kommunikation, die schriftlich oder bildlich fixiert ist. Dabei will sie systematisch vorgehen und grenzt sich damit von vielen hermeneutischen Methoden ab. Das systematische Vorgehen impliziert eine Auswertung

4.2 Eigenes methodisches Vorgehen

nach expliziten Regeln, die sozialwissenschaftlichen Standards wie der intersubjektiven Nachprüfbarkeit genügen. Des Weiteren beinhaltet das regelgeleitete Vorgehen aber auch ein theoriegeleitetes Vorgehen, worunter eine Analyse des Texts unter einer theoretisch ausgewiesenen Fragestellung verstanden wird. Die Ergebnisse sollen aus dem jeweiligen Theoriehintergrund her interpretiert werden. Dabei bedeutet dieses Theoriegeleitetheit aber nicht das Abheben vom konkreten Material, vielmehr soll sich die Analyse auf die in den Daten inkorporierten Erfahrungen der Untersuchten mit der zu untersuchende Fragestellung beziehen. Mayring betont in seiner Definition, dass Inhaltsanalyse eine schlussfolgernde Methode ist, die durch Aussagen über das zu analysierende Material „Rückschlüsse auf bestimmte Aspekte der Kommunikation ziehen" (Mayring, 2003, S. 12) will.

Diese hier entwickelte Charakterisierung der qualitativen Inhaltsanalyse macht deutlich, dass die mit dieser Auswertungsmethode verbundenen Zielsetzungen gut zu den Intentionen meiner Arbeit und dem vorliegenden Datenmaterial passen. So liegen schriftlich fixierte Kommunikationsergebnisse vor in Form von Concept Maps, Transkripten von Interviews sowie Klausuraufgaben. Auf der Basis der theoretischen Diskussion existierte bereits vor der Datenauswertung eine begriffliche Fassung von Vernetzung als zweidimensionales Konstrukt der von einem Individuum eingenommenen Perspektive und den Dimensionen des begrifflichen Niveaus mit entsprechenden Stufungen von Vernetzungen (dargestellt in Tabelle 4-5). In Kapitel 2.4. zum eigenen theoretischen Rahmen habe ich diesen theoretischen Rahmen zur Definition von Vernetzungen als zweidimensionales Konstrukt entwickelt. Diese begriffliche Fassung von Vernetzung wurde in ein Auswertungsschema für die Interviews umgesetzt, welches Indikatoren enthält zur Auswertung der Texte, quasi ein einfaches Kodiermanual. Dieses Auswertungsschema ist in Tabelle 4.6 abgedruckt und beschreibt, wann bei einer Textpassage das Vorliegen eines gewissen begrifflichen Niveaus verbunden mit einer spezifischen Perspektive auf die mathematischen Inhalte kodiert wurde. So wurde eine Äußerung, die einen Aspekt eines oder mehrerer Begriffe genannt hat, ohne ins Detail zu gehen und ohne Verbindungen zwischen den Begriffen zu benennen, als Faktenwissen mit einer lokalen Perspektive kodiert.

Mit diesem Kodierschema wurden die gesamten Transkripte der Interviews kodiert und dann für jedes mathematische Themengebiet nach Häufigkeit ausgewertet. Damit fand also die einfachste Methode einer qualitativen Inhaltsanalyse Anwendung, nämlich die Häufigkeitsanalyse, in der laut Mayring (2003, S. 13) bestimmte Textbestandteile durch Kategoriensysteme herausgefiltert wurden und Aussagen über das relative Gewicht dieser Textbestandteile per Häufigkeit gemacht wurden. Dabei habe ich allerdings keine einfachen Häufigkeitsanalysen durchgeführt, sondern durch Gewichtungen jeweils berücksichtigt, wie umfangreich und detailreich die kodierte Äußerung war. Insgesamt wird mit der Anwendung dieser Auswertungstechnik nach Mayring der Text strukturiert und zusammengefasst.

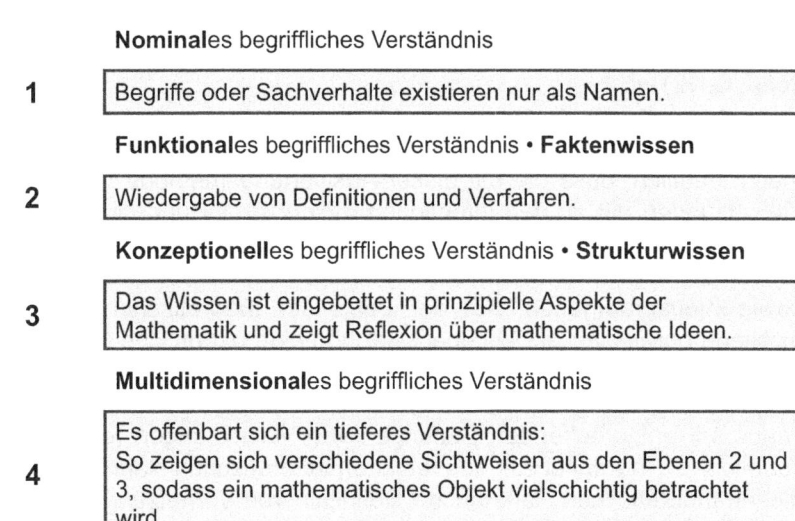

Tabelle 4-5: Stufen des begrifflichen Verständnisses, Quelle: eigene Darstellung

Insgesamt ergeben sich die folgenden Indikatoren, speziell für das vorliegende Datenmaterial entwickelt, die in nachfolgender Übersicht zusammengefasst sind:

4.2 Eigenes methodisches Vorgehen

		Mikro-Sicht *lokal*	Makro-Sicht *global*
multidimensional		In einem größeren zusammenhängenden Abschnitt des Interviews tauchen funktionale und konzeptionelle Aspekte in Mikro- und Makro-Sicht auf, gegebenenfalls Metabemerkungen, sodass hinter den verwendeten Begriffen ein tieferes Verständnis deutlich wird. Eigenständiges Herstellen von Beziehungen zu anderen Themenbereichen der Mathematik, zu anderen Fächern, zur „Welt".	
konzeptionell	Strukturwissen	S nennt einen Aspekt bzw. eine Grundvorstellung eines Begriffes (oder mehrere ohne Verbindungen), von denen mindestens einer ausgeführt wird unter Bezug auf prinzipielle Facetten des Begriffs.	S nennt verschiedene Aspekte oder Grundvorstellungen von Begriffen mit Details bzw. Verbindungen unter Bezug auf prinzipielle Facetten des Begriffs. S betrachtet mathematische Begriffe und ihre Verbindungen miteinander unter dem Wozu-Aspekt, hinzu kommen gegebenenfalls Meta-Bemerkungen. S grenzt zwei Begriffe voneinander ab. S verwendet globale Begriffe.
	Faktenwissen	S nennt einen Aspekt eines Begriffes oder mehrere, ohne ins Detail zu gehen und ohne Verbindungen untereinander zu benennen. S nennt benachbarte Begriffe ohne Details.	S nennt verschiedene Aspekte oder Grundvorstellungen eines Begriffes ohne Details, mit bloßer Nennung von Verbindungen, also ohne in die Tiefe zu gehen. S nennt verschiedene Aspekte z.T. mit Ausführungen, die den rechnerischen Ablauf betreffen (rezeptives Faktenwissen).
nominal		Vernetzung auf der Ebene der Namen: Die Begriffe werden zwar als zur Mathematik gehörig erkannt, benachbarte Begriffe, zugehörige Rechenfahren bzw. Erklärungen werden jedoch nicht angegeben oder sind unzutreffend.	
		Mikro-Sicht *lokal*	Makro-Sicht *global*

Tabelle 4-6: Indikatoren für das begriffliche Niveau, Quelle: eigene Darstellung

Auswertung / Interpretation der Daten

Concept Map

Die Concept maps hatten – wie bereits erwähnt – hauptsächlich heuristische Funktion, d.h. sie dienten der Generierung erster Hypothesen zu den von den Lernenden vorgenommenen Vernetzungen mathematischer Inhalte und sie dienten als Stimulus für die fokussierten Interviews. Die Concept Maps wurden daher heuristisch interpretiert, ohne ein vorweg festgelegtes Interpretationsschema, häufig gemeinsam im Rahmen universitärer Forschungsgruppen.

Folgende Kriterien lagen den Interpretationen zugrunde:
- Nähe bzw. Ferne der verwendeten Begriffe zueinander
- Art der nicht verwendeten Begriffe bzw. der selbst eingefügten Begriffe
- Grad der Strukturiertheit der Concept Map und Art der Strukturierung
- Angabe der Art der Beziehung bzw. der Existenz solcher Angaben

Insbesondere wurde bei der Interpretation der Concept Maps intensiv diskutiert, welche Begriffe wie zueinander positioniert worden waren und auf welche Vernetzungen dies hinweisen könnte. Dabei warfen die häufig fehlenden Verbindungslinien zwischen den mathematischen Begriffen Probleme bei der Interpretation auf, ebenso wie fehlende Teile, zu denen es dann allerdings häufig Nachfragen im Interview gegeben hatte.

Typenbildung als Mittel zur Theoriegenerierung

Die vorliegende Studie zielt wie bereits ausgeführt auf die Entwicklung einer lokalen Theorie, wie sich Vernetzungen mathematischer Inhalte bei Jugendlichen konstituieren und welche Ausprägungen auftreten können im Rahmen eines auf Vernetzung zielenden Unterrichtsprojekts. Ich greife dabei auf typenbildende Verfahren zurück, die nach Udo Kelle und Susann Kluge (2010) unverzichtbar sind zur Entdeckung, Beschreibung und Systematisierung von Beobachtungen im Feld. Typenbildende Verfahren erhöhen die Übersichtlichkeit empirischer Sachverhalte, wobei sowohl die Vielfalt eines Bereichs als auch das Typische der beobachteten oder rekonstruierten Realität hervorgehoben wird. Durch die Bildung von Typen

4.2 Eigenes methodisches Vorgehen

und Typologien wird nach Kelle / Kluge eine komplexe soziale Realität auf eine beschränkte Anzahl von Gruppen reduziert.

„Durch die (vorrangig deskriptive) Gruppierung seiner Elemente wird ein Untersuchungsbereich überschaubarer und komplexe Zusammenhänge werden verständlich und darstellbar. Diese inhaltlichen Zusammenhänge können dann mit Hilfe allgemeiner Hypothesen erklärt werden, so dass Typologien auch als ‚Heuristiken der Theoriebildung' dienen können" (Kelle / Kluge, 2010, S. 11).

Kelle / Kluge (2010, S. 108ff) weisen daraufhin, dass der systematische Vergleich und die systematische Kontrastierung von Fällen eine notwendige Voraussetzung zu einer methodisch kontrollierten Beschreibung sozialer Strukturen ist. Sie entwickeln konkrete Regeln für die Fallkontrastierung, den Fallvergleich und die empirisch begründete Typenbildung, die meinem methodischen Vorgehen zugrunde lagen. So weisen sie auf die Notwendigkeit eines nicht zu engen heuristischen Rahmens für den Fallvergleich und die Typenbildung hin, der Vergleichsdimensionen für den empirischen Vergleich liefert. Zentral ist die richtige Auswahl der Fälle, die die Heterogenität des Untersuchungsfelds berücksichtigt und trotzdem bei der Datenauswertung handhabbar bleibt. Besonders bedeutsam für meine Studie ist die Forderung nach permanenten Quervergleichen zwischen den Fällen, sog. Synopsen, die allerdings laut Kelle / Kluge erst durchgeführt werden kann, wenn das gesamte Material anhand eines Kategorienschemas – in meinem Fall dem einfachen Kodiermanual – kodiert ist, da damit dann das gesamte relevante Material zu einer Kategorie fallübergreifend zusammengestellt werden kann. Kelle / Kluge weisen darauf hin, dass bei mehr als 10 Interviews die Verwendung eines EDV-gestützten Textdatenbanksystems wie MAXQDA oder ATLAS/TI sinnvoll ist. Da ich nur 8 Schülerinnen und Schüler berücksichtigen konnte, war es für mich zeitökonomischer mit Hilfe konventioneller Textverarbeitungssysteme zu arbeiten. Die Typenbildung basiert nach Kelle / Kluge auf einer systematischen Suche nach Zusammenhängen zwischen den Kategorien oder Kodes. Dabei weisen sie auf die Notwendigkeit der Generierung von Merkmalsräumen hin, die aus zwei- oder dreidimensionalen Kreuztabellen bestehen. Damit lässt sich ein Überblick über die empirische Verteilung der Fälle gewinnen und es werden Vergleiche zwischen den Fällen angeregt, die einer Merkmalskombination zugeordnet werden sowie Vergleiche der verschiedenen Gruppen miteinander, um übergeordnete Zusammenhänge zu erfassen. Diese Forderungen sind in meiner Studie erfüllt. Nicht mehr erfüllt ist das Forderung von Kelle / Kluge, dass sich die Typenbildung von der Ebene der Personen lösen und auf die Ebene von Handlungsmustern, Strategien u.ä. fokussieren soll. Sie halten es beim Prozess der Typenbildung für nötig, sich vom Einzelfall zu lösen und sich auf die Auswertungskategorien zu konzentrieren, wodurch dann eine Person durchaus mehreren Typen zugeordnet werden kann. Aufgrund der meiner Studie zugrundeliegenden Annahme der starken individuell-subjektiven Prägung von Vernetzungen, die in den kognitiven Strukturen des Gehirns quasi verankert sind, ist es für meine Studie nicht angemessen, die Vernetzungstypen von den Personen zu lösen.

Kelle / Kluge weisen darauf hin, dass Ziel der Typenbildung das Erklären und Verstehen von Sinnzusammenhängen ist, d.h. es nicht ausreicht, einen immer wiederkehrenden Zusammenhang zwischen verschiedenen Merkmalen zu rekonstruieren, er muss vielmehr „in seiner Sinnhaftigkeit richtig gedeutet" (Kelle / Kluge, 1999, S. 101) werden. Damit schließen Kelle / Kluge unter Bezug auf Arbeiten von Uta Gerhardt (1991) an den Ansatz von Max Weber zum Idealtypus an. Nach Gerhardt (1991, S. 437) erhält der

> „‚reine' Typus … eine Hypothese des möglichen Geschehens. Entsprechend ist der idealisierte Verlauf …. ein ‚Gedankenbild', welches die Bedeutung eines idealen Grenzbegriffs hat"

Idealtypen im Weber'schen Sinne entstehen nach Hempel (1971, S. 90) also

> „als die Resultate von Isolierung und Überspitzung bestimmter Aspekte konkreter empirischer Phänomene dargestellt als Grenzbegriffe, für die die Wirklichkeit keine genauen Beispiele, sondern im besten Fall Annäherungen bieten kann"

Gemäß dieser Auffassung sind Idealtypen nicht die Darstellung der Wirklichkeit, sondern dienen der Verdeutlichung der Wirklichkeitsstruktur, sie sind für Weber theoretische Konstruktionen, die zur Illustration das Empirische verwenden.

Da der Idealtypus damit nicht in der Realität vorkommt, werden oft sog. Prototypen ausgewählt, unter denen man reale Fälle versteht, die die Charakteristika jedes Typus am besten repräsentieren. Kuckartz (1988, S. 223) schreibt:

> „man kann an ihnen das Typische aufzeigen und die individuellen Besonderheiten dagegen abgrenzen".

4.2 Eigenes methodisches Vorgehen

Damit ist deutlich, dass der Prototyp zwar den Idealtyp veranschaulicht, aber nicht der Idealtypus ist, sondern ihm nur möglichst weitgehend entsprechen soll. Kelle / Kluge (S. 105ff) weisen darauf hin, dass es verschiedene Unterscheidungen von Idealtypen, idealtypischen Konstrukten gibt und die theoretischen Ansätze durchaus kontrovers sind. Ich lehne mich in meinem methodischen Vorgehen an Kelle / Kluge an, unterscheide aber – wie ausgeführt – unter Bezug auf Gerhardt und Kuckartz Weber'sche Idealtypen von Prototypen.

Ich komme nun zum konkreten Vorgehen der Typenbildung in meiner Studie:
Die Typenbildung beruhte im Wesentlichen auf der Auswertung der drei Interviews pro Schülerin bzw. Schüler in Verbindung mit Interpretationen der Concept maps.

Da für jedes Themengebiet ein Interview mit Hilfe der Methoden der qualitativen Inhaltsanalyse ausgewertet wurde, und mit Hilfe dieser drei Interviews jeweils die Typenbildung erfolgen sollte, habe ich zur visuellen Darstellung der Ergebnisse eine eigene Darstellung entwickelt, eine Art Boxplot. Es beschreibt für jedes Interview dessen quantitatives Ergebnis, womit für jede Schülerin und jeden Schüler also drei solcher Abbildungen generiert wurden, die als Basis für die Typenbildung dienten. Dabei drückt die Größe des Rechtecks aus, wie häufig die Kodierungen auf eine gewisse begriffliche Stufe hinweisen, die Positionierung des Rechtecks innerhalb des Boxplots drückt aus, wie stark die fragliche Perspektive eingenommen wurde. Dies wird am folgenden Beispiel veranschaulicht (siehe Abbildung 4-8 auf der nächsten Seite):

Bei Schüler 1 finden sich im Bereich Analysis überwiegend Kodierungen, die auf ein funktionales Verständnis hinweisen unter einer Makro-Perspektive, die allerdings nicht stark ausgeprägt ist. Es finden sich aber auch Kodierungen für ein konzeptionelles Niveau mit beiden Perspektiven, ein kleiner Teil der Kodierungen weist auf nominales Verständnis hin, wobei aus theoretischen Gründen nicht zwischen einer Mikro- und einer Makro-Perspektive unterschieden wird. Ein multidimensionales begriffliches Verständnis findet sich nicht in den Kodierungen.

Diese Auswertungen waren die Grundlage für die Konstruktion der von mir entwickelten Idealtypen von Vernetzungen mathematischer Inhalte. Dabei wird als weitere empirisch gefundene Unterscheidung bei der Pers-

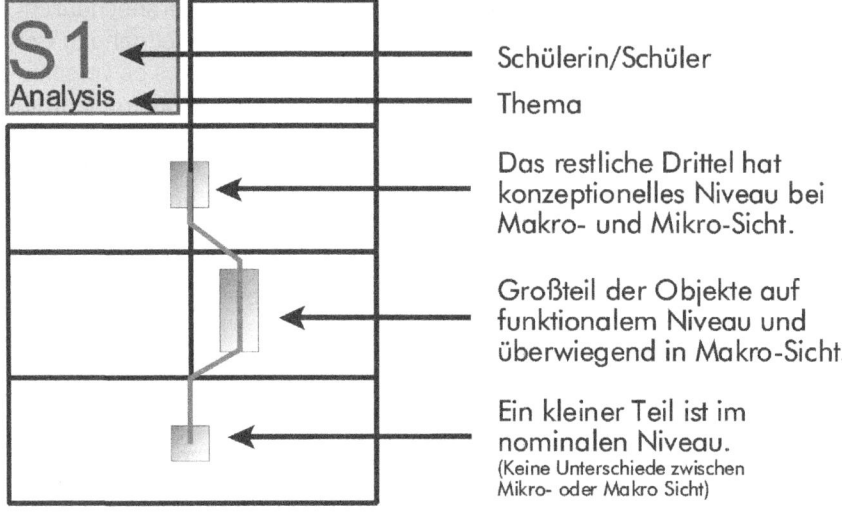

Abb. 4-2: Auswertungs-Boxplot, Quelle: eigene Darstellung

pektive auf das mathematische Wissen eine Merkmalsausprägung „Beide Sichtweisen" eingeführt, die darauf hinweist, dass Lernende sowohl eine Mikro- als auch eine Makro-Perspektive einnehmen können, in Abhängigkeit vom mathematischen Gegenstand. Damit ergibt sich also für die Perspektive auf das mathematische Wissen die Unterscheidung: Mikro-Sicht, Mikro- und Makro-Sichtweisen, Makro-Sicht.

Des Weiteren zeigt sich bei Kodierung, dass keiner der vorliegenden Fälle – 3 Concept Maps von 8 Lernenden – mit einer einzigen der vier Dimensionsausprägungen zum begrifflichen Niveau charakterisiert werden können. Damit erweist sich eine gröbere Einteilung nötig, um Idealtypen entwickeln zu können. Dazu wurden nun jeweils zwei benachbarte Dimensionsausprägungen zu einer neuen Ausprägung zusammengefasst, die niedrig, mittel und hoch lauten. Diese drei Dimensionsausprägungen der Dimension Niveau werden wie folgt definiert:

- Hohes Niveau bedeutet, dass überwiegend konzeptionelles Begriffsverständnis vorliegt, aber auch multidimensionales Begriffsverständnis erreicht wird;
- Mittleres Niveau bedeutet, dass überwiegend funktionales Begriffsverständnis vorliegt, sich aber – wenngleich seltener – auch konzeptionelles Begriffsverständnis zeigt;

4.2 Eigenes methodisches Vorgehen

- Niedriges Niveau bedeutet, dass überwiegend nominales und funktionales Begriffsverständnis vorliegt.

Die beiden so präzisierten Dimensionen Perspektive und Niveau können nun in einer Mehrfeldertafel dargestellt werden, wobei die horizontale Richtung die Perspektive und die vertikale Richtung das Niveau bedeutet. Damit können nun Idealtypen zur Vernetzung als kognitive Beziehungsstruktur zwischen mathematischen Inhalten entwickelt werden:

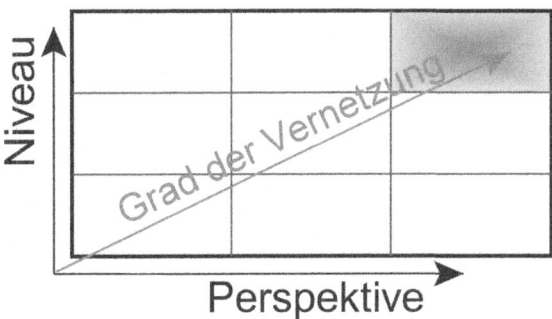

Abb. 4-3: Mehrfeldertafel zu Dimensionen von Idealtypen, Quelle: eigene Darstellung

Die beiden Dimensionen begriffliches Niveau und Perspektive auf das Wissen sind – worauf ich bereits mehrfach hingewiesen habe – nicht unabhängig voneinander. Multidimensionales Begriffsverständnis beinhaltet eine besonders weite Makro-Perspektive, auch konzeptionelles Begriffsverständnis bedeutet vielfach Makro-Sicht. Bei funktionalem Begriffsverständnis können Makro- und Mikro-Sicht auftreten – je nach Komplexität des Begriffes und/oder des Themenbereiches, aber auch in Abhängigkeit vom betrachteten Fall. Nominales Begriffsverständnis bedeutet per se eine Mikro-Sicht.

Zur Idealtypenbildung wurden die theoretisch und empirisch vorfindlichen Fälle analysiert, miteinander verglichen und kontrastiert entlang der einzelnen Merkmalsausprägungen, wobei diese Vergleiche sowohl zwischen wie innerhalb der einzelnen Gruppen vorgenommen wurden Ziel war – wie von Kelle / Kluge empfohlen –, den Merkmalsraum zu reduzieren und damit die Anzahl der Gruppen bzw. Merkmalskombinationen auf wenige Typen zu verringern. Des Weiteren sollten Merkmalskombinationen entwickeln werden, die inhaltlich bezogen auf das Konstrukt Vernetzung mathematischer Inhalte interpretiert werden können, um damit Strukturen von Vernetzungen aufzudecken, die durch die betrachteten Merkmalskombinationen repräsentiert werden. Wie bereits vorweg ausgeführt, können aus theoretischer Sicht das Feld hohes begriffliches Niveau und Mikro-Perspektive ausgeschlossen werden, da ein hohes begriffliches Niveau eine Sicht auf das Umfeld der Begriffe verlangt. Ebenso kann die Makro-Sicht, also der weite Blick auf das begriffliche Umfeld, nicht zusammen mit einem niedrigen begrifflichen Niveau auftreten. Damit konnten zwei der sechs Felder theoretisch ausgeschlossen werden. Überspitzt und isoliert man nun die Perspektive auf die jeweils dominierende Art der von den Lernenden konstruierten Beziehungen, so kann man drei Idealtypen von Vernetzungen kognitiver Beziehungsstrukturen zwischen mathematischen Inhalten entwickeln, die jeweils aus den Elementen der Hauptdiagonalen bestehen:

- **Idealtyp „Vernetztes Wissen"**: Hier tritt überwiegend konzeptionelles Begriffsverständnis auf, aber auch multidimensionales Verständnis wird erreicht, wobei überwiegend eine Makro-Sicht eingenommen wird;
- **Idealtyp „mittlerer Grad der Vernetzung"**: Es zeigt sich überwiegend funktionales, aber auch mehrfach konzeptionelles Begriffsverständnis, wobei Mikro- und Makro-Sicht ungefähr gleichgewichtig auftreten;
- **Idealtyp „unvernetztes Wissen"**: Es tritt überwiegend funktionales und nominales Begriffsverständnis auf verbunden mit einer Mikro-Perspektive.

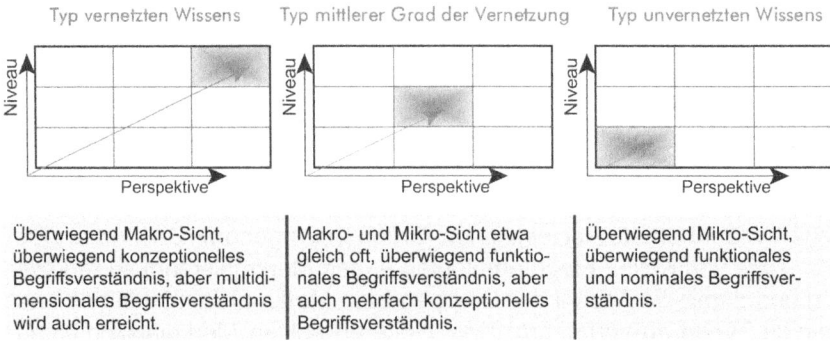

Abb. 4-4: Idealtypen von Vernetzungen beim Wissen, Quelle: eigene Darstellung

4.2 Eigenes methodisches Vorgehen

Die Entwicklung dieser Idealtypen wird empirisch durch die Daten gestützt: Sechs von acht Schülerinnen und Schüler können diesen Idealtypen zugeordnet werden. Im folgenden Kapitel 6 werden nun die untersuchten Schülerinnen und Schüler beschrieben, wobei vier Lernende als Prototypen für die drei Idealtypen ausgewählt wurden und im Detail dargestellt werden, die anderen Lernenden werden nur noch in Kurzform dargestellt, um die einzelnen Facetten der möglichen Vernetzungen kognitiver Beziehungsstrukturen deutlich zu machen.

Zuordnung der Prototypen zu den Idealtypen

Auf der Basis der Daten wurden wie bereits erwähnt drei Idealtypen entwickelt, denen nun die untersuchten Schülerinnen und Schüler als Prototypen zugeordnet wurden. Bevor ich im nächsten Kapitel, dem Herzstück der Arbeit, ausgewählte Schülerinnen und Schüler als Prototypen beschreibe, sollen sechs Lernende, die eindeutige Prototypen repräsentieren, den Idealtypen zugeordnet werden. Dabei ergibt sich, dass zwei Schülerinnen und Schüler keinen Idealtypen zuzuordnen waren, da sie Elemente von mehreren Idealtypen aufwiesen.

Folgende tabellarische Übersicht ergibt sich somit bei der Zuordnung der Prototypen zu den Idealtypen, wobei zwei idealtypische Ausprägungen bereits aus theoretischen Gründen nicht möglich sind.

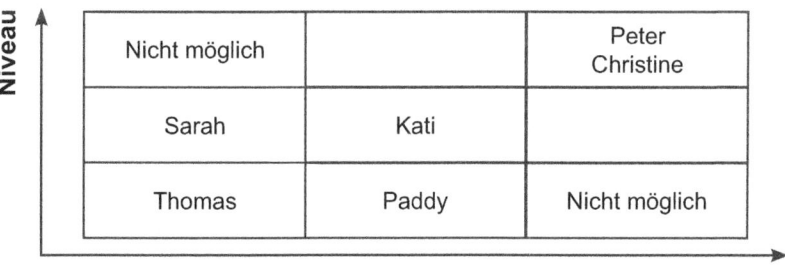

Tabelle 4-7: Zuordnung der Prototypen zu den Idealtypen, Quelle: Eigene Darstellung

5 Eigene Ergebnisse

Im folgenden Kapitel 5 werden nun die untersuchten Schülerinnen und Schüler beschrieben, wobei vier Lernende als Prototypen für die drei Idealtypen ausgewählt wurden und im Detail dargestellt werden, die anderen Lernenden werden nur noch in Kurzform dargestellt, um die einzelnen Facetten der möglichen Vernetzungen kognitiver Beziehungsstrukturen deutlich zu machen.

Es werden ausführlich vier Fallbeispiele dargestellt, die Prototypen der entwickelten Idealtypen darstellen. Dabei werden zunächst eine Schülerin und ein Schüler beschrieben, die beide Prototypen vernetzten Denkens darstellen, aber mit deutlichen Unterschieden. So werden die Unterschiede zwischen den Prototypen deutlich, die den Idealtypen zugeordnet sind. Es folgt ein Schüler, der als Prototyp unvernetzten Wissens das andere Ende der Mehrfeldertafel vertritt. Zuletzt wird noch eine Schüler dargestellt, die als eine Vertreterin des Prototyps mittlerer Grad der Vernetzung klassifiziert wurde.

Die Darstellung der Ergebnisse schließt mit der kurzen Beschreibung von zwei Schülerinnen, die als Prototypen etwas von den Idealtypen abweichen und die Unterschiede zwischen Prototypen und Idealtypen deutlich machen.

Die Fallbeschreibung gliedert sich in folgende Abschnitte:

1, 2, 3: Darstellung der Daten
Beschreibung und Interpretation[8] der jeweils zugehörigen Concept Map sowie einer Auswertung des entsprechenden Interviews zu den drei mathematischen Themenbereichen.[9]

4: Typeinordnung
anhand der Auswertung.

5: Überprüfung
ob der aus den Daten geschlossene Typ in etwa mit den Leistungen in ausgewählten Aufgaben aus Tests und Klausuren sowie mit dem Fragebogen in Einklang steht.

---

8 Die Interpretation der Concept Maps erweist sich häufig als schwierig, da Teile ohne das Interview unverständlich bleiben und da die Maps nicht immer allein erarbeitet wurden.

9 Die dabei angeführten Zitate aus den Interviews sind den Transkripten der Interviews entnommen, die bei Interesse beim Autor erbeten werden können. Die jeweils im Folgenden angegeben Seitenzahlen beziehen sich auf diese Transkripte.

Die Anforderungen an jede der Concept Maps waren also sehr unterschiedlich und damit auch Inhalt und Verlauf der Interviews.

5.1 Fallbeispiel Christine als Prototyp vernetzten Wissens

Christine wird im Folgenden als eine Lernende mit einer hohen Vernetzung des Wissens beschrieben. Als Indikatoren konnten das hohe begriffliche Niveau und die Qualität des strukturellen Wissens rekonstruiert werden.

Im Detail kann festgestellt werden, dass sie auf einem hohen begrifflichen Niveau argumentiert, und bezüglich des begrifflichen Verständnisses bis zum höchsten Niveau eines multidimensionalen Verständnisses gelangt.

Das hohe Vernetzungsniveau im Denken von Christine soll nun im Detail dargestellt und begründet werden. Dabei wird zunächst die Position von Christine zum Unterricht in der Analysis, in der Linearen Algebra und schließlich in der Stochastik veranschaulicht.

5.1.1 Analysis

Beschreibung der Analysis Concept Map

Die hohe Vernetzung des Wissens im Bereich der Analysis zeigt sich bei Christine in ihrer sehr umfangreichen Concept Map. Christine hat dort auch die in Klasse 11 behandelten Inhalte zum Thema Analysis eingetragen und mit jenen aus Klasse 12 vernetzt (siehe Abb. 5-1). Die Themenbereiche aus Klasse 11 sind blau unterlegt, aus Klasse 12 rot. Es gibt jedoch auch eine Reihe von Begriffen, die ohne Hintergrundfarbe sind. Auffällig ist auch das große Format (DIN A3) der Concept Map[10], wobei Christine mehr als 30 Begriffe in der Map verwendet.

Differential- und *Integralrechnung* sind zentral positioniert und dort links bzw. rechts auf der Seite, verknüpft mit einem Doppelpfeil „Ableitung rückwärts/vorwärts". Direkt unter der *Integralrechnung* stehen die *Integrationsmethoden* und die beiden Definitionsarten des Integralbegriffs. Unter der *Differentialrechnung* steht *Anwendung*.

---

10 Das Format erschwert allerdings bei Verkleinerung die Lesbarkeit.

5.1 Fallbeispiel Christine als Prototyp vernetzten Wissens

Am unteren Ende des Blatts stehen quasi als Fundament für die „11" Ableitungsregeln und die beiden Begriffe *stetig/unstetig* und *differenzierbar*, um den Kasten *Ableitungen* herum gruppiert. Zwischen diesen beiden Blöcken sind diverse Begriffe angeordnet, die überwiegend den theoretischen Hintergrund abdecken wie *Hauptsatz*, *Mittelwertsatz* oder *Satz von Taylor*, aber auch Begriffe der praktischen Anwendung wie *Minimum + Maximum* oder *Länge von Linien*.

Der obere Teil der Concept Map ist den Funktionsklassen *Exponentialfunktion* und *Trigonometrische Funktionen* vorbehalten, die Christine mit der *Euler'schen Formel* verbindet.

Darunter und unmittelbar über der „12" befindet sich ein Kasten *unendliche Reihen*, der über einen Doppelpfeil mit *Exponentialfunktion* verbunden ist, auf dem Beweis der Konvergenz steht.

Im Umfeld der Funktionsklassen treten auch die *Umkehrfunktionen* auf und dort konkret etwa der Logarithmus $\log_a x$ und auch die *Umkehrregel*.

Viele Verbindungspfeile haben Beschriftungen wie *Beweis* oder *Voraussetzung*. Das gilt auch für die beiden langen Verbindungspfeile, ausgehend von den Begriffen *Relation* und *Monotonie* am rechten und linken unteren Rand, die beide bei *Exponentialfunktion* enden und damit diese räumlich weit voneinander angeordneten Themen inhaltlich verbinden.

Interpretation der Analysis Concept Map

Die Vernetzungen sind eher auf einer begrifflichen Ebene angesiedelt, worauf das Erwähnen von diversen Sätzen oder auch Begriffen wie *Relation* oder *Euler'sche Formel* hindeutet und auch der Versuch, Beweisaspekte wie *Summenregel* (der Differentialrechnung) *als Voraussetzung im Beweis zur analytischen Integraldefinition* in die Concept Map einzufügen.

Unter dem Begriff *Anwendung* (unter *Differentialrechnung*) versteht Christine offenbar das Verwenden von Methoden der Differentialrechnung bei der Bearbeitung innermathematischer Probleme, etwa zur Bestimmung eines *Extremwerts* (der erste Begriff unterhalb von *Anwendung*). Die Deutung von *Anwenden* als „Verwenden" stützt auch die Beschriftung der Verbindung von *unendliche Reihen* und *Binomischer Lehrsatz* sowie der Verbindung zwischen diesem Satz und dem *Satz von Taylor*. Realitätsbezüge im Sinne außermathematischer Anwendungen sind damit offenbar nicht gemeint.

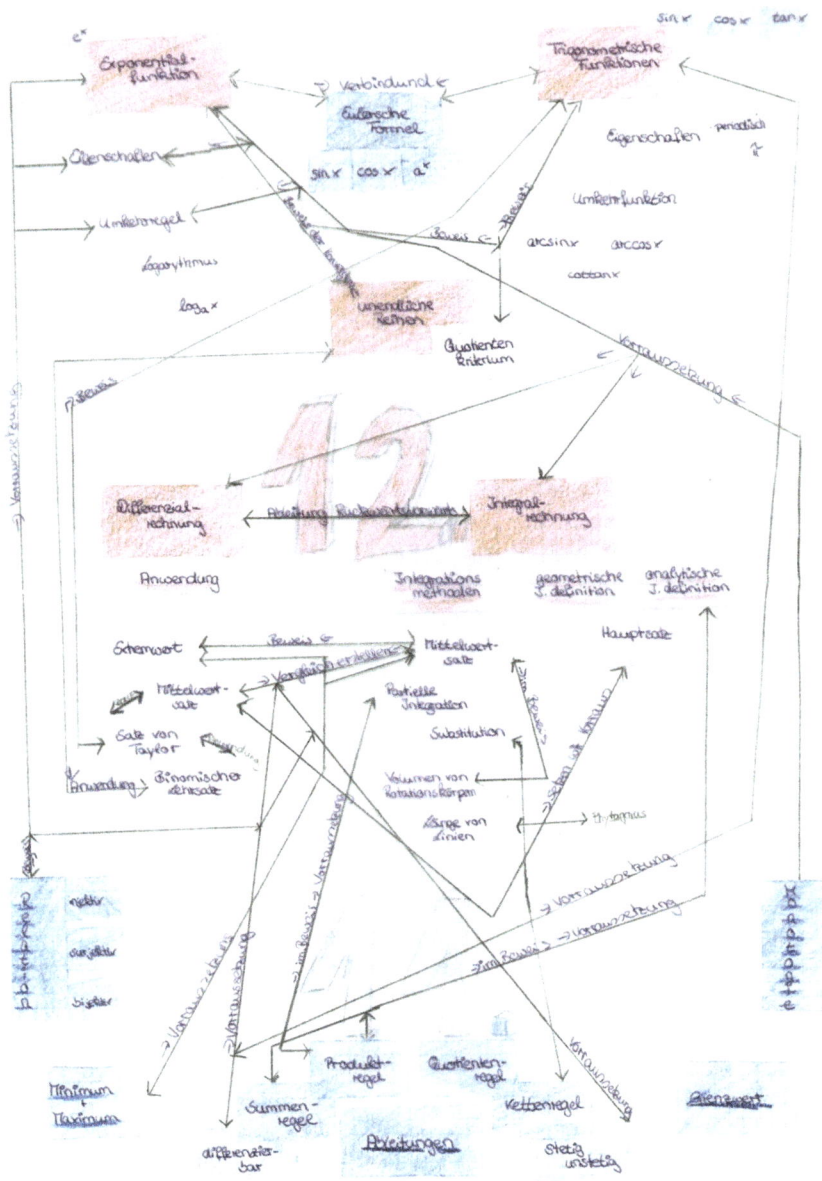

Abb. 5-1: Concept Map „Analysis" von Christine, Quelle: eigene Darstellung

5.1 Fallbeispiel Christine als Prototyp vernetzten Wissens

Als Verbindung zwischen beiden Mittelwertsätzen sieht Christine *Vergleich erstellen*, einen Vergleich der Sätze deutet sie aber nicht an.

Manche der eingezeichneten Vernetzungen sind nicht selbst erklärend und erschließen sich nicht ohne Weiteres einer Interpretation, wie z.B. jene Verbindungen von *stetig, unstetig* und von *differenzierbar*, die beide auf der Verbindungslinie zwischen den Mittelwertsätzen enden. Ein anderes Beispiel ist der links oben eingezeichnete Begriff *Exponentialfunktion*: Am Pfeil von der *Relation* kommend steht *Voraussetzung*, ganz nah bei der Relation steht auch noch *Beweis* über dem Pfeil, doch wofür ist die *Relation* Beweis bzw. Voraussetzung?

Drei Beschriftungen sind mit Bleistift möglicherweise nach Fertigstellung der Map eingetragen (denn sonst sind nur die Verbindungspfeile mit Bleistift gezeichnet), z.B. der Satz des Pythagoras. Das deutet zusammen mit dem Umfang der Concept Map auf intensive individuelle Beschäftigung mit möglichen Vernetzungen der Themengebiete hin.

Die farbige Kennzeichnung, das dem umfangreichen Inhalt angemessene große Format und Teile der Anordnung deuten auf eine *visuelle* Vorgehensweise hin (vergleiche auch das Interview 171ff: dort sagt Christine, dass ihr die „unordentliche Map" besser gefiel als die ebenfalls angefertigte „ordentliche").

Die Concept Map ist ein starkes Indiz dafür, dass Christine das Ganze im Blick hat – im Sinne einer globalen Sichtweise. Dennoch geht sie dabei auf viele Details des gesamten behandelten Stoffes zum Thema Differential- und Integralrechnung ein und versucht möglichst viele Bezüge zwischen den einzelnen Begriffen und Themenbereichen der Differential- und Integralrechnung herzustellen.

Interview zu Analysis

Die starken Vernetzungen des Wissens bei Christine werden auch im Interview deutlich. So erläutert sie im Interview Aufbau und Struktur der Concept Map und beantwortet die weiteren Fragen fast ausschließlich auf einem hohem begrifflichem Niveau (Dimensionsausprägung: konzeptionell mit multidimensionalen Anklängen), wobei sie eine globale Perspektive einnimmt (Dimensionsausprägung: überwiegend Makro).

An vielen Stellen im Interview lassen sich metakognitive Reflexionen rekonstruieren. So formuliert sie zum Hauptsatz der Differential- und Integralrechnung:

> „Ja, weil das die Verbindung von den [] von der geometrischen Definition und der analytischen Definition ist. Die zusammengefügt sozusagen ergeben den Hauptsatz oder, ja, doch [L]. Lassen, ja also wenn man den Hauptsatz liest, sollte man erkennen können, dass da die geometrische und die analytische Definition zusammenkommen, so [äh] denke ich, kann man das erklären, [L] so hab ich mir das erklärt." (46ff)

Bei der Beantwortung der Frage, ob sie ihre Concept Map als Hilfsmittel zum Sehen und Entdecken von Vernetzungen ansieht, lassen sich bei Christine metakognitive Ansätze rekonstruieren:

> „Ja, denke schon. Also mir hat sie geholfen dadurch. Ich hab mir noch mal die Beweise angeguckt und noch mal versucht, nachzuvollziehen oder noch mal nachvollzogen und halt gesehen, wo die Verbindungen sind. Und das auch nachvollziehen können." (79ff)

Sätze, deren Voraussetzungen und Beweise sind für Christine die Grundlage ihres Strukturwissens. So formuliert sie im Zusammenhang mit der Euler'schen Formel (dazu siehe auch weiter unten) folgende Aussagen, die auch auf multidimensionales Begriffsniveau hindeuten:

> „Ja, dass das auch irgendwie alles miteinander zusammenhängt, aber meistens, dass das erst in den Beweisen klar wird und gar nicht in der Anwendung dieser Funktionen oder Sachen selbst." (91ff)

Manchmal erscheinen ihre Ausführungen oberflächlich, wobei man das hohe abstrakte Niveau ihrer Ausführungen berücksichtigen muss, z.B. zum Zusammenhang und Bedeutung der Mittelwertsätze. Dabei nimmt Christine recht eindeutig eine globale Perspektive ein:

> „Also Differentialrechnung, da haben wir ja die angewendet, wir haben in der elften Klasse vorher allgemein so Ableitungen und so besprochen und jetzt haben wir die halt mit Sätzen angewendet mit [] halt wir haben erst mit dem Extremwert angefangen [ähm] und dann halt der Mittelwertsatz, das waren so verschiedene Sätze, Mittelwertsatz und Satz von Taylor und wir hatten noch Satz von Rolle, ja, deswegen steht da Rolle."
>
> Interviewerin: [mhm]
>
> Christine: „[ähm] Ja, das waren halt einfach so Anwendungssätze, wo man das hat dann benutzen können, die Differentialrechnung, dann hab ich halt gesehen, dass zwischen den Sätzen halt Verbindung ist. Hier der Mittelwertsatz und der Satz von Taylor wird halt durch den Satz von Rolle, den wir

5.1 Fallbeispiel Christine als Prototyp vernetzten Wissens

> da hatten, auch noch verbunden. Und dass der binomische Lehrsatz, also die binomischen Formeln z.B. eine Anwendung vom Satz von Taylor sind und ja, dass das halt auch [.] auch die Anwendung in sich alles miteinander verbunden werden kann und wird. Ja und [..] ja, dass halt auch wieder in diesem binomischen Lehrsatz, dass man dafür auch diese unendlichen Reihen braucht und für die Anwendung halt, man muss das ja alles so [..] hintereinander aufschreiben halt, wie diese Reihen und dann wird da halt dieser binomische Satz, die binomischen Formel draus und halt auch andere. Man kann da ja auch a hoch 6 nehmen oder so, a plus b hoch 6. Geht dann damit ja auch. Was vorher nicht so gut ging für uns. [4] Ansonsten [..], ja, dass man halt z.B. diesen Mittelwert da auch noch sehr gut für die Integralrechnung benutzen kann bzw. Bezug, einen Vergleich erstellen, dass der Mittelwertsatz der Differentialrechnung zu vergleichen ist mit dem Mittelwertsatz der Integralrechnung bzw. dass der Mittelwertsatz eine Voraussetzung ist für den Hauptsatz der Integralrechnung und so." (129ff)

Die Qualität der Vernetzung des Wissens bei Christine zeigt sich auch bei „Lücken":

Christine erwähnt die Euler'sche Formel, die nur kurz im Ergänzungskurs der Klasse 11 behandelt wurde. Sie kann die Bedeutung der Formel angeben, die Formel selbst nicht. Die Vernetzung ist also auf konzeptionellem Niveau vorhanden, funktionale Details fehlen.

Das Berechnen eines selbst gestellten einfachen Integrals gelingt nur mit relativ großem Zeitaufwand und auch nur fehlerhaft: Sie schreibt $\int_0^2 x^2 dx = [2x]_0^2 = 2$ auf und leitet damit ab statt „auf". Die Vernetzung zum funktionalen Detail ist kurz nach Beendigung des Themas nicht abrufbar, wohl aber konzeptionelle Aspekte:

> „Zu den ganzen Ableitungsregeln braucht man ja zum Integrieren, diese [.] ja Produktregel, Summenregel, Kettenregel, ja, diese Regeln halt."
>
> Interviewerin: [mhm]
>
> Christine: „Braucht man auch für die Integralrechnung, halt nur rückwärts."
>
> Interviewerin: [mhm]
>
> Christine: „Nicht einfach anwenden, sondern man muss halt erkennen, dass es schon angewendet wurde. So hab ich mir's mal gedacht, dass ich halt [] ich hab am Anfang immer gedacht, wenn ich das habe, und du denkst jetzt, das wurde bereits angewendet, was hat der gemacht? So hab ich immer [] denke ich immer noch, um halt die Stammfunktion zu finden. Deswegen braucht man halt auch diese ganzen Ableitungsregeln, um zu erkennen, was gemacht wurde. Und wenn man die nicht kennt, dann kann man ja auch nicht die Stammfunktion sehen, finden. (288ff)

Auf die Schlussfrage, ob sie noch irgend etwas sagen möchte, *„jetzt auch zu dem Unterricht, zu dem irgendwie spannenden Bereich, den du in der* *zwölften Klasse"*, fällt Christine der Interviewerin ins Wort – provoziert offenbar durch den „spannenden Bereich" – mit metakognitiven Reflexionen, und zwar mit einer Selbsteinschätzung hinsichtlich ihrer mathematischen Leistungsfähigkeit und den damit verbundenen Problemen im Unterricht:

> „Ja, ich muss leider sagen, dass ich mich aber schon immer im Matheunterricht mehr oder weniger langweile, weil ich [.] ich weiß nicht, also für mich geht das immer 'n bisschen langsam, also das weiß Herr Euba auch, das ist auch kein Problem. Weil ich weiß nicht, ich bin leider ein [L] leider sag ich, obwohl es eigentlich gut ist, jemand, der das ziemlich gut versteht immer alles, und es schneller begreift als z.b. mein Nachbar, oder so. Und [ähm] dass dann leider für mich auch die Versuchung ziemlich hoch ist, Unterricht ausfallen zu lassen. Nein, es ist also so, dass ich also bei Herrn Euba z.B. sehr gut mitkomme, dadurch, dass er das Ganze etwas anspruchsvoller macht als die vorherigen Lehrer. Also vorher war es echt grausam für mich, aber [ähm] ja auch diese Projektaufgaben halt, er hat ziemlich viel Aufgabenmaterial, was ich halt auch noch bewerten kann, was wir nicht immer alles machen, aber wenn man sich langweilt halt, kann man das alles machen. Und ich find das, er beschäftigt mich auch ganz gut, denke ich. Aber halt dadurch, dass ich das halt meistens, also meistens versteh ich es ziemlich gut und deswegen bin ich halt eher der Typ, der sich halt langweilt, als der so viele Fragen hat. Kann man ja leider nicht ändern." (328ff)

Diese sehr emotionalen Äußerungen zeichnen Christine als Schülerin, die schnell begreift und daher „anspruchsvolleren" Unterricht – ohne genaue Definition – positiv wertet. Zugleich ist ihre Selbsteinschätzung ein Anspruch an sie selbst, verbunden mit der Erfahrung, diesem gerecht werden zu können.

Dies könnte der Auslöser z.B. der intensiven Beschäftigung mit der Analysis in der Concept Map sein und damit Basis für die starken Vernetzungen von Christine.

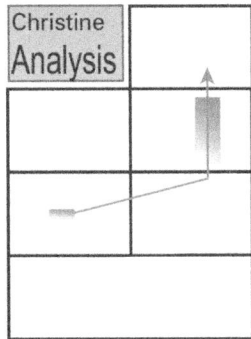

Abb. 5-2: Auswertungs-Boxplot „Analysis" zu Christine, Quelle: eigene Darstellung

5.1 Fallbeispiel Christine als Prototyp vernetzten Wissens

Neben einigen kurzen Passagen mit eher funktionalem begrifflichen Niveau bei weitgehend lokaler Sicht konnten in der Mehrzahl der z.T. sehr umfangreichen Äußerungen hohes begriffliches Niveau (Dimensionsausprägung: konzeptionell mit multidimensionalen Anklängen) bei globaler Perspektive (Dimensionsausprägung: Makro-Sicht) – also hohes Vernetzungsniveau – rekonstruiert werden.

5.1.2 Lineare Algebra

Beschreibung der Lineare Algebra Concept Map

Auch im Bereich der Linearen Algebra lassen sich starke Vernetzungen des Wissens bei Christine rekonstruieren. Das hohe Vernetzungsniveau von Christine zeigt sich zunächst an ihrer Concept Map.

Von den 30 vorgegebenen Begriffen verwendet Christine 27 in ihrer Concept Map (Abb. 5-4).

Nicht verwendet:	Fibonacci-Zahlen • goldener Schnitt • Population (genetische Distanz dafür doppelt)
Hinzugefügt:	bijektiv • Bilinearform • Erzeugnis • injektiv • Multilinearform • Skalar • Vektor

Tabelle 5-1: Begriffe in Christines Concept Map „Lineare Algebra",
Quelle: eigene Darstellung

Die Concept Map gliedert sie zunächst in zwei große Bereiche:

(1) die innermathematischen Begriffe (mehr als die Hälfte und über die ganze Breite des Blattes)
(2) „Anwendungen" mit 6 Begriffen, worüber ein großes Fragezeichen liegt.

Die Begriffe im Bereich (2) bezeichnen Inhalte realitätsbezogener Aufgaben, wovon fünf der Begriffe auf den Oberbegriff „Anwendungen" weisen und einer (*Länge einer Küstenlinie*) quasi als Erklärung einem der fünf (*Fraktal*) „anhängt". Unter den fünf Begriffen gibt es einen, der doppelt

auftaucht (*genetische Distanz*). Vom Bereich (1) weist auf den Bereich (2) eine große geschweifte Klammer.
Im Bereich (1) sind die Begriffe jeweils den Semestern zugeordnet, in dem sie Unterrichtsgegenstand waren.

1. Sem. bezeichnet einen sehr kleinen Bereich oben in der Mitte von (1). Er enthält die beiden Begriffe *Ableitung* und *Integral*. Eine Verbindung zum *Kern* ist allenfalls angedeutet.

2. Sem. dehnt sich links der Mitte aus und enthält Begriffe zum *Vektorraum* wie *Dimension*, *Basis*, *Rang einer Matrix*, ... und die zwei Beispiele IP_n und IR^n. Etwas aus diesem Rahmen heraus fällt die *Hessesche Normalenform*.

3. Sem. ist rechts der Mitte angesiedelt und enthält Begriffe zum Thema *Linearformen* wie *Bilinearform*, *Multilinearform*, *Homomorphismus*, *Kern*, *Isomorphismus*, *Skalarprodukt*, verbunden mit *Lot* und *Abstand*, *Determinante*, verbunden mit *Matrix* („*ähneln sich irgendwie*").

Christine ordnet die Begriffe in Gruppen an, es handelt sich aber zumeist nicht um eine hierarchische Ordnung. Die Begriffe sind stark vernetzt und die Beziehungen zwischen ihnen zumeist benannt.

Interpretation der Lineare Algebra Concept Map

Die Anordnungen der Begriffe und deren Beziehungen sind ein Indikator für starke Vernetzungen und lassen auf hohes Strukturwissen schließen. Es zeigen sich aber auch Schwächen im Funktionalen: so setzt Christine *Matrix* zweimal gleich mit *lineares Gleichungssystem*. Die Anbindung der *Hesseschen Normalenform* einerseits an die *Linearkombination*, weil diese die Hessesche Normalenform *erzeugt*, und andererseits an die *Ebene*, welche durch sie *definiert* wird, deuten ebenso auf die genannten Schwächen hin.

Die Einordnung des Begriffs *Basis* nach *Linearkombination* und *Erzeugnis* überzeugt in mehrfacher Hinsicht nicht, da Christine keine Bezüge zu *Dimension* und *Rang einer Matrix* herstellt und *Basis* auch nicht in räumlicher Nähe zu diesen beiden Begriffen steht, doch auch zu den in

5.1 Fallbeispiel Christine als Prototyp vernetzten Wissens

der Concept Map daneben liegenden Begriffen *Ebene* bzw. *Hessesche Normalenform* zeichnet Christine keine Verbindungen ein. Die ursprüngliche Gesamtüberschrift *Lineare Struktur* hat Christine durchgestrichen, obwohl sie durch die Beschriftungen der beiden von dort abgehenden Pfeile als ein verbindendes Element zwischen den Bereichen 1 und 3 kenntlich gemacht war. Ansonsten ist der Bereich 3, dessen Inhalte dem Erstellungstermin der Concept Map am nächsten behandelt wurden, sinnvoll strukturiert und deutet konzeptionelles Niveau des Begriffsverständnisses bei globaler Perspektive an. Eine Einbindung des Bereiches (2) (*Ableitung, Integral*) ist allenfalls angedeutet, wie oben schon erwähnt. Die Verbindung der Bereiche (1) und (3) von *Matrix* zu *Determinante* beschreibt Christine mit „ähneln sich irgendwie" sehr oberflächlich.

Mit den *Anwendungen* hat Christine insofern ihre Probleme, als sie sich offenbar nicht an konkrete Inhalte der jeweiligen Aufgaben erinnert und so eine Vernetzung dieser Aufgaben mit passenden Begriffen aus Bereich (1) nicht möglich war. Das könnte auch die Bedeutung des großen Fragezeichens erklären. Warum Christine die drei fehlenden Begriffe nicht auch als Anwendungen einordnen kann, wird aus der Concept Map nicht deutlich.

Die Schrift der Concept Map lässt vermuten, dass Christine sich nicht viel Zeit bei der Erstellung der Map genommen hat.

Interview zu Linearer Algebra

Bei Christine zeigen sich Unterschiede bzgl. des Grades der Vernetzung in den Themenbereichen dahingehend, dass der Grad der Vernetzung bei der Linearen Algebra niedriger ist. So ist der Anteil des konzeptionellen Niveaus des Begriffsverständnisses bei diesem Thema geringer als bei der Analysis. Das wird besonders deutlich bei der Erläuterung der Concept Map, jetzt erstellt mit vorgegebenen Begriffen, bei der Christine nur zweimal annähernd dieses Niveau erreicht. Sonst lässt sich ein funktionales Niveau des Begriffsverständnisses nachweisen, wobei Christine zumeist eine globale Perspektive einnimmt. Zu Beginn des Interviews sagt Christine, dass sie zum Erstellen der Map „wenig Lust" hatte; das könnte eine Ursache für das niedrigere Niveau des Begriffsverständnisses in diesem ersten Teil des Interviews sein.

Bei den sich anschließenden Teilen des Interviews bleibt die Perspektive überwiegend global, die Bandbreite des Begriffsverständnisses reicht

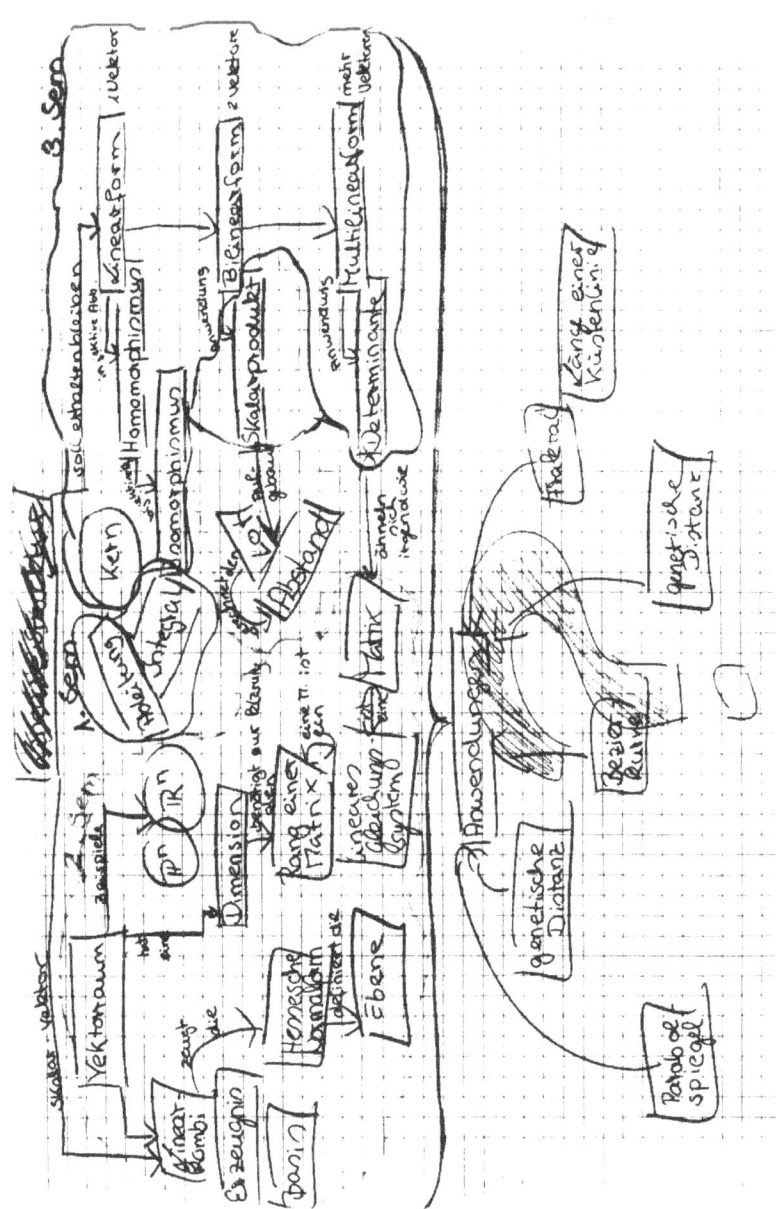

Abb. 5-3: Concept Map „Lineare Algebra" von Christine, Quelle: eigene Darstellung

5.1 Fallbeispiel Christine als Prototyp vernetzten Wissens 79

von nominalem bis zu mulidimensionalem Niveau. Metakognitive Aspekte lassen sich jedoch seltener rekonstruieren. Die folgenden Ausführungen zur Concept Map (1. Teil des Interviews) beginnen mit Faktenwissen auf funktionalem Niveau und steigern sich in Richtung eines konzeptionellen Niveaus des Begriffsverständnisses. Sie offenbaren aber auch begriffliche Unsicherheit, wenn Christine Matrizen mit linearen Gleichungssystemen gleichsetzt:

> „Dann haben wir die Dimension des Vektorraums berechnet und [ähm] halt was auch mit dem Rang der Matrix zu tun hat und Matrizen sind für mich lineare Gleichungssysteme, ja und das hab ich dann halt mit der Determinante verbunden, weil eine Determinante das Lösungs [] ein Lösungsschema zur Lösung einer quadratischen Matrix ist und meiner Meinung auch [.] und hat auch irgendwie was mit dem Vektorraum zu tun, weil man damit berechnen kann, ob Vektoren linear unabhängig oder abhängig sind. Ja, drittes Semester hab ich halt die Linearform allgemein und dann halt den Homomorphismus, die Bilinearform, die Multilinearform: Was mit einem Vektoren, zwei Vektoren und mehr Vektoren, aber das war eher [.] Vektoren ist eigentlich falsch gewesen, sondern eher so Struk [] lineare Strukturen war's ja eigentlich eher. [ähm] Eine normale Linearform ist ein Homomorphismus, was für mich ein bijektiver [äh] ein bijektiver Homomorphismus ist ein Isomorphismus. Dann habe ich den Kern da noch hin gesetzt, weil es ist nur ein Isomorphismus, wenn der Kern nur den Nullvektor enthält. Der Kern hatte für mich was mit Ableitung und Integral und so auch zu tun, weil bei Ableitung [.] Ableitungen werden ja in dem Nullvektor abgebildet, also Konstante [.] der konstante Term der Ableitung [?] in den Nullvektor abgebildet und somit hat das auch irgendwie was mit dem Kern zu tun gehabt. Und [..] ja, weil das irgendwie [] Ableitung und Integral ist ja auch ein Homomorphismus. Bilinearform ein halt [] haben wir ja auch übers Skalarprodukt geredet und ein spezielles [] eine spezielle Bilinearform, also eine positiv definite symmetrische Bilinearform ist ein Skalarprodukt und Skalarprodukt hat ja auch was mit Lot und Abstandsberechnung von Ebenen und somit dann zu tun, was auch zum zweiten Semester gehört, glaube ich, weiß ich nicht so genau. Oder zum ersten? Ach da irgendwo hin [ähm] schwer zu erkennen."
>
> Interviewerin: [mhm]
>
> Christine: „Ja, und dann halt die Multilinearform, wo man [.] ich denke, es gibt noch mehr aber die Determinante haben wir drüber geredet, was auch eine spezielle Anwendung ist." (34ff)

In den folgenden Ausführungen zum Konzept „lineare Struktur" geht es zunächst um ein Kriterium, nach welchem Christine die Überschrift „lineare Struktur" in ihrer Map durchgestrichen hat. Sie macht geltend, dass die Erstellung der Map lange zurückliegt und sagt dann:

„Aber ich dachte, lineare Strukturen gehören nur zu diesem Homomorphismus usw.. Aber das ist ja albern, das gehört ja eigentlich überall zu, auch zum Vektorraum usw., weil das alles ziemlich zusammenhängt. Deswegen würde ich es jetzt eigentlich wieder nach oben setzen. [4]" (115ff)

Die Äußerung ist zwar in der Begründung wenig konkret, deutet aber auf konzeptionelles Niveau des Begriffsverständnisses hin. Doch die erste Nachfrage bringt hinsichtlich des Begriffs „linear" die übliche Verbindung zur Analysis und Geometrie, bei der zweiten Nachfrage räumt Christine schließlich ein, dass sie den Begriff „lineare Struktur" nicht erklären kann:

> Interviewerin: „Gut. Was verstehst du unter dem Begriff [ähm], was verbindest du mit dem Begriff lineare Struktur?"
>
> Christine: „[äh] [6] Ja, bei Funktionen würde ich sagen ne Gerade, aber halt das ist einfach [ähm] [...] linear, gerade, [äh] etwas verläuft gerade und [11]"
>
> Interviewerin: „Warum würdest du den Begriff lineare Struktur über dem Ganzen setzen? Hätte ich auch fragen können."
>
> Christine: „Ja weil es hier [?], [.] also es geht immer um Strukturen und [? die sind?] meiner Meinung nach linear weil halt Vektorraum, es sind alles Strukturen und durch diese Vektoren und so ist das alles linear, da gibt es irgendwie nicht so, weiß nicht [] nicht so kurvig ist falsch, nein [ähm] [...] ich kann das nicht erklären [L] geht nicht." (120ff schließt direkt an obiges Zitat an)

Dieser kurze Ausschnitt zeigt also eine große Bandbreite hinsichtlich des Niveaus des Begriffsverständnisses in jenem Interview auf.

Vernetzungen des begrifflichen Wissens mit Anwendungen lassen sich kaum rekonstruieren. So wird bei Christines Antwort zur Frage nach dem Nutzen der Linearen Algebra „für dich oder auch in der Mathematik" ihre Vorliebe deutlich, die Struktur in der Mathematik zu sehen. Dennoch hält sie das Thema für „ziemlich theoretisch" und tut sich entsprechend schwer mit ihrer Antwort:

> „Den Nutzen der linearen Algebra. [mh] [..] Ja [7] ja, [L] ja, ich seh' den Nutzen nicht so, glaube ich. Man kann da bestimmt viele tolle Aufgaben mit rechnen und ich find das ist alles ziemlich theoretisch. Der Nutzen für die Mathematik ist ganz klar, man kann damit weiter theoretisch ziemlich viele Sachen begründen, noch mal auf eine andere Art und Weise und neu definieren usw. und darauf ja auch bestimmt weiter aufbauen. [ähm] Ja, aber ansonsten [.] halt das theoretisch vielleicht mit den Ebenen und den Geraden, irgendwie, wie das mit Teilverhältnis von Strecken ist und so was, aber ansonsten [..]. Ja, theoretisch seh' ich halt irgendwie so Abstand von gewissen Dingen zu berechnen oder mit diesem Parabolspiegel, dass man das z.B. [.] oder Länge von Küsten, die so gezackt sind, so was, aber weiß

5.1 Fallbeispiel Christine als Prototyp vernetzten Wissens

ich nicht genau. So was zu berechnen, das ist eigentlich für die Praxis ganz wichtig. Ansonsten weiß ich's nicht [L]." (138ff)

Christine zeigt sogar Vernetzungen über die Mathematik hinaus zu einer Anwendung in der Physik, auch wenn sie sich mit der konkreten Beschreibung recht schwer tut. So führt sie zur Verbindung zwischen Analysis und Linearer Algebra aus:

> „Ich seh auf jeden Fall Verbindung zwischen den beiden. Also erst mal hier mit den Ableitungen, Integral, das ist auch Homomorphismus und z.B. und [ähm] man benötigt ja beides irgendwie immer zusammen und [ähm] es gibt da auch in der Physik ganz viele Beispiele für die Verknüpfung dieser beiden Sachen [ähm]"
>
> Interviewerin: „z.B.?"
>
> Christine: „Das war mit diesem Eigenwert, den findet man auch in der Physik, und zwar in Bezug auf Integral und Ableitung und der Eigenwert, den hatten wir irgendwie beim Homomorphismus irgendwie also"
>
> Interviewerin: „Was?"
>
> Christine: „haben wir damit gerechnet und [ähm] das ist irgendwie mit [äh] mit Schwingungen hat das was zu tun. Ja, dass man das irgendwie verknüpfen kann immer, wieder an konkreten Beispielen auch." (161ff)

Indikatoren für hohes Vernetzungsniveau zeigen sich in der Auswertung des Interviews: die überwiegend globale Sichtweise (Dimensionsausprägung: Makro-Sicht) und hohes begriffliches Niveau (Dimensionsausprägung: konzeptionell) mit multidimensionalen Anklängen, jedoch in deutlich vermindertem Umfang. Die Dimensionsausprägung funktional tritt etwa im gleichen Umfang auf wie konzeptionell. Vereinzelt zeigt sich die Dimensionsausprägung nominal, die Indikator für Vernetzung auf sprachlicher Ebene ist.

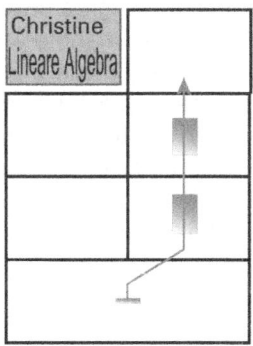

Abb. 5-4: Auswertungs-Boxplot „Lineare Algebra" zu Christine, Quelle: eigene Darstellung

Der Grad der Vernetzung ist, wie oben schon angemerkt, also insgesamt geringer als im Bereich der Analysis, bleibt aber der höchste im Kurs.

5.1.3 Stochastik

Beschreibung der Stochastik Concept Map

Im Bereich der Stochastik lassen sich wieder starke Vernetzungen des Wissens bei Christine rekonstruieren, der Grad liegt über jenem bei der Linearen Algebra, erreicht jedoch nicht die überragende Qualität bei der Analysis.

Der hohe Grad der Vernetzung zeigt sich zunächst wieder an ihrer Concept Map.

Von den 21 vorgegebenen Begriffen tauchen in der Concept Map 20 auf, statt des fehlenden *Ergebnisraum* verwendet Christine *Ereignisraum*.

Nicht verwendet:	Ergebnisraum
Hinzugefügt:	Ereignisraum • Anwendungen • Bedingungen • Berechnung

Tabelle 5-2: Begriffe in Christines Concept Map „Stochastik", Quelle: eigene Darstellung

Die Concept Map (Abb. 5-7) ist in sechs Bereiche gegliedert, die alle eine Überschrift aufweisen. Fünf davon sind miteinander vernetzt (*Bedingungen • Berechnung • Abzählen • Struktur • Modellbildung*), der Bereich *Anwendungen* steht unvernetzt abseits. In den Bereichen sind maximal vier Begriffe aufgeführt, die, von einer Ausnahme abgesehen, nicht miteinander verbunden sind. Die Verbindungspfeile zwischen den Bereichen beziehen sich einmal auf ein Element, sonst gehen diese Pfeile von der Umrandung eines Bereiches zu der Umrandung eines anderen Bereiches.

Ganz oben steht in der Map der Bereich *Bedingungen*, der *Zufall, Daten* und *Funktionen* enthält. Von dort geht je eine Verbindung aus zu den Bereichen *Berechnung* und *Abzählen*, die etwa auf gleicher Höhe links und rechts unterhalb von *Bedingungen* liegen. Der zwischen den beiden Pfeilen stehende Text (*beeinflusst/beschränkt die Wahrscheinlichkeit, Abzählen*) soll offenbar auch zu beiden Pfeilen gehören.

5.1 Fallbeispiel Christine als Prototyp vernetzten Wissens

Auf den Bereich *Berechnung* zeigt von jedem anderen der fünf vernetzten Bereiche jeweils ein Pfeil, wobei jener aus dem Bereich *Struktur* nicht beschriftet ist. Dieser Bereich steht links unterhalb von *Abzählen* und enthält die beiden Begriffe *Wahrscheinlichkeitsmaß* und *Ereignisraum*. Von diesem Begriff scheint der zweite Pfeil abzugehen, der auf den Bereich *Abzählen* weist und mit *beeinflusst das Abzählen bzw. schränkt es ein* beschriftet ist.

Unterhalb von *Berechnung* und *Struktur* befindet sich der Bereich *Modellbildung* mit den drei Begriffen *symmetrische Irrfahrt, Hypothesentest, Baumdiagramm*. Von *Modellbildung* geht je ein Pfeil zu den Bereichen *Berechnung* und *Abzählen*. Diese beiden Pfeile sind wieder gemeinschaftlich beschriftet mit *verdeutlichen bildlich Formeln*.

Kein Pfeil zeigt auf die beiden Bereiche *Struktur* und *Modellbildung*.

Der abseits stehende Bereich *Anwendung* enthält die drei Begriffe *Ziegenproblem, Tennis, Urne*. Die ersten beiden genannten Begriffe *vereinen die Themen miteinander*, was in der Beschriftung noch etwas präzisiert wird.

Interpretation der Stochastik Concept Map

Christine zeigt in ihrer Concept Map wieder ihre strukturgeprägte Sicht auf die Mathematik, welche die einzelnen stochastischen Themen gut vernetzt. Dies kommt gleich in der Überschrift des ersten Bereiches *Bedingungen* zum Ausdruck, einem Begriff, den Christine hinzugefügt hat.

Die strukturgeprägte Gliederung in die Bereiche sowie die recht allgemeinen, aber weitgehend zutreffenden Beschriftungen der Vernetzungspfeile basieren nicht auf dem Lehrbuch, das kaum auf Zusammenhänge und mathematische Struktur eingeht. Die im Unterricht gelegentlich gegebenen „strukturellen Hilfen" gaben allenfalls Anregungen. So zeigt die Concept Map deutlich Christines Kompetenz, sich einen wohlstrukturierten Überblick zu verschaffen, auch wenn nicht alle der Zuordnungen in der Concept Map nachvollziehbar sind. So weist z.B. innerhalb des Bereiches *Berechnung* ein unbeschrifteter Pfeil von *Rekursion* nach *geometrische Wahrscheinlichkeit*. Und der Begriff *Funktionen* führt schließlich zu einem Konflikt im Interview (s.u.), der Begriff erfährt aber letztendlich eine Sinngebung in diesem Kontext. Die obige Folgerung aus der Concept Map, dass Christine dort weitgehend einen hohen Grad der Vernetzung

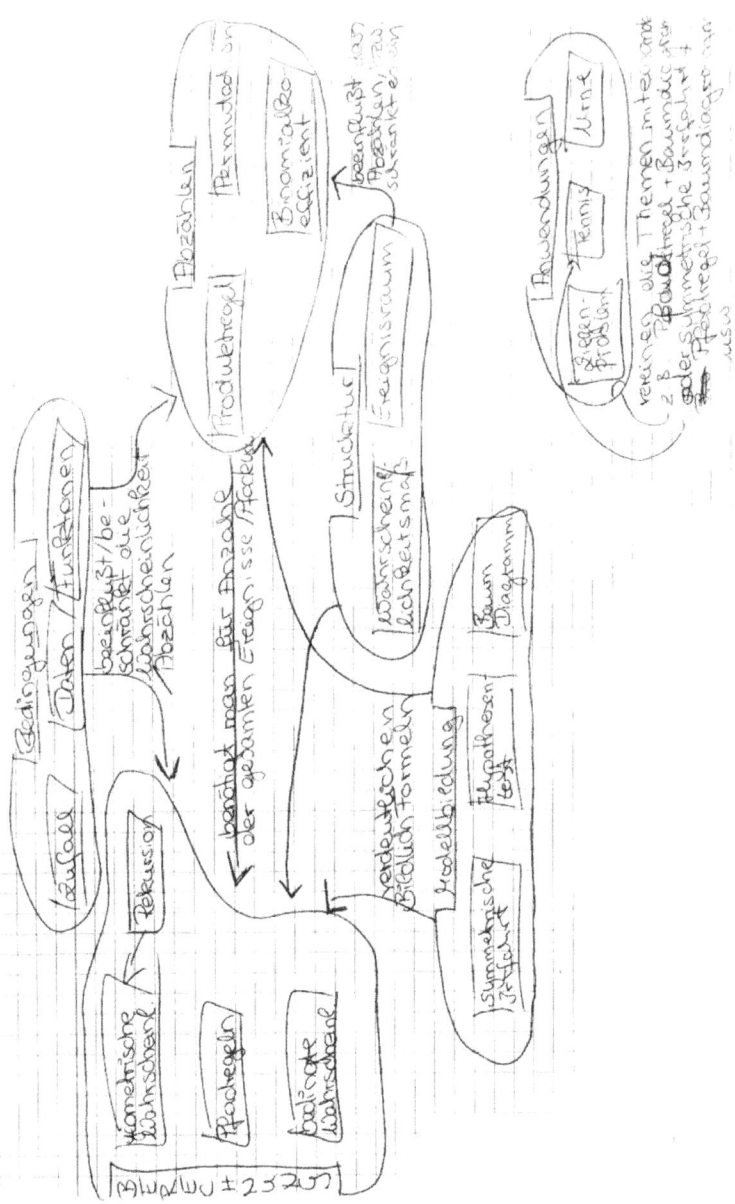

Abb. 5-5: Concept Map „Stochastik" von Christine, Quelle: eigene Darstellung

aufweist, basierend auf ihrer strukturgeprägten Sicht, wird im Interview an Elementen der Concept Map überprüft.

Interview zu Stochastik

Im (relativ kurzen) Interview erklärt Christine die Concept Map mit ihren Beziehungen zumeist auf hohem begrifflichen Niveau, allerdings ist kein multidimensionales Niveau des Begriffsverständnisses nachweisbar, was möglicherweise auch an ihrer im Folgenden zitierten Einschätzung des Themas „Stochastik" liegen könnte. Sie nimmt dabei überwiegend eine globale Perspektive ein. Es lassen sich mehrfach metakognitive Ansätze rekonstruieren, welche die Selbsteinschätzung und (damit verbunden) die „Schwere" des Stoffs betreffen. Diese beeinflussen offenbar die Vernetzungen positiv oder negativ.

> „Dagegen nicht so interessant finde ich jetzt dieses Thema, weil es meiner Meinung nach extrem einfach ist"
>
> Interviewerin: „Du meinst jetzt die Concept Maps?"
>
> Christine: „Ja, nicht die Concept Maps, sondern das Thema allgemein, Stochastik jetzt am Anfang auch wahrscheinlich nur. Wahrscheinlich wird's noch schwieriger, aber bis jetzt finde ich es nicht interessant, weil es eigentlich immer nur dasselbe ist und nicht so fordernd bei mir so [.] man [] es fehlt irgendwie dieses ich muss mich hinsetzen und da was für tun und [.] ziemlich einfach." (151ff)

Der Begriff „Funktion" spielt eine wichtige Rolle im Interview. In den ersten Erläuterungen zeigt Christine eine gewisse Unsicherheit in der Einordnung des Begriffes:

> Interviewerin: „Ja, du hast ja z.B. unter dem Begriff Bedingung die drei Begriffe Zufall, Daten, Funktion zusammen geordnet."
>
> Christine: „Ja."
>
> Interviewerin: „Wieso?"
>
> Christine: „Wieso. Ja, weil Zufall, Daten und Funktionen sind quasi die Bedingungen, damit man das überhaupt berechnen kann. Man braucht [] man muss davon ausgehen, dass es um einen Zufall geht, man benötigt eine gewisse Anzahl an Daten und, joa, Funktionen passte da ganz gut hin. Weiß ich nicht! Funktionen hat was mit Daten zu tun. Daten graphisch dargestellt und deswegen hab ich das auch noch unter diese Bedingungen [.] Zusammenhang mit den Daten gepackt." (25ff)

Etwas später fragt die Interviewerin nach und da zeigt Christine letztlich ihre Kompetenz, den eher aus der Analysis bekannten Begriff einzelnen Aspekten der Stochastik zuzuordnen, auch wenn ihre Ausführungen eher vage bleiben:

> Interviewerin: „Gut. [...] Und dein Funktionsbegriff ist mir noch nicht ganz klar."
>
> Christine: „Mein Funktionsbegriff"
>
> Interviewerin: „[mhm] Du hast gerade gesagt [] na ja, du sagst immer: Das ist ja alles klar. Aber es geht mir darum, dass du mir erklärst, wie die Zusammenhänge sind"
>
> Christine: [heftig im Ton] „Das Problem ist, dass ich selbst überhaupt nicht weiß, was Funktionen da drinne sollten. Es stand auf dem Schnipsel drauf und ich hab's irgendwo hin gepackt."
>
> Interviewerin: „Ja, ich muss einfach nur wissen, warum du das an die Stelle gepackt hast."
>
> Christine: „Ja, weil ich das sehr im Zusammenhang mit den Daten und Bedingungen sehe, weil: Eine Funktion baut sich auf auf Daten, auf x- und y-Koordinate und [äh] auch Funktionen [] mit Funktionen kann man bestimmte Dinge berechnen, was weiß ich, es war ja [5] ja, was war'n das z.B., ach [] ja, mit Funktionen sind auch oft angegeben, um eine Möglichkeit überhaupt berechnen zu können oder ein Problem darzustellen und deswegen ist es für mich eine Vorbedingung, um berechnen zu können." (86ff)

Auf dem Verbindungspfeil vom „Ereignisraum" zum Bereich „Abzählen" steht: „beeinflusst das Abzählen bzw. schränkt es ein". Auf die Nachfrage, was das bedeuten soll, gelingt eine Erklärung, die konzeptionelles Niveau des Begriffsverständnisses bei globaler Sicht erkennen lässt, Indiz für hohen Vernetzungsgrad:

> „Ja, natürlich [häm] also wenn man einen Ereignisraum hat, dann muss das Ereignis ja da drinne stattfinden, in diesem Raum, den man gegeben hat, und man braucht ja nicht abzählen, was überhaupt nicht in diesem Ereignisraum drinne ist. [6] Ja, schwer zu erklären, aber wenn ich sage: Wie viele Computer stehen hier drin, zähl' ich nicht gleichzeitig noch die Stühle, also. So hab ich mir das gedacht."[L] (78ff)

Da Christine während der Sequenz „Computertomographie" krank war, bleibt das Interview in diesem Teil auf einer allgemeineren Ebene. Dabei äußert sie Interesse an Anwendungsbeispielen und erläutert mit metakognitiven Reflexionen, welche Bedeutung das Wort „interessant" für sie im Zusammenhang mit Mathematik hat. Ihr Studienwunsch Mathematik

5.1 Fallbeispiel Christine als Prototyp vernetzten Wissens

aufweist, basierend auf ihrer strukturgeprägten Sicht, wird im Interview an Elementen der Concept Map überprüft.

Interview zu Stochastik

Im (relativ kurzen) Interview erklärt Christine die Concept Map mit ihren Beziehungen zumeist auf hohem begrifflichen Niveau, allerdings ist kein multidimensionales Niveau des Begriffsverständnisses nachweisbar, was möglicherweise auch an ihrer im Folgenden zitierten Einschätzung des Themas „Stochastik" liegen könnte. Sie nimmt dabei überwiegend eine globale Perspektive ein. Es lassen sich mehrfach metakognitive Ansätze rekonstruieren, welche die Selbsteinschätzung und (damit verbunden) die „Schwere" des Stoffs betreffen. Diese beeinflussen offenbar die Vernetzungen positiv oder negativ.

> „Dagegen nicht so interessant finde ich jetzt dieses Thema, weil es meiner Meinung nach extrem einfach ist"
> Interviewerin: „Du meinst jetzt die Concept Maps?"
> Christine: „Ja, nicht die Concept Maps, sondern das Thema allgemein, Stochastik jetzt am Anfang auch wahrscheinlich nur. Wahrscheinlich wird's noch schwieriger, aber bis jetzt finde ich es nicht interessant, weil es eigentlich immer nur dasselbe ist und nicht so fordernd bei mir so [.] man [] es fehlt irgendwie dieses ich muss mich hinsetzen und da was für tun und [.] ziemlich einfach." (151ff)

Der Begriff „Funktion" spielt eine wichtige Rolle im Interview. In den ersten Erläuterungen zeigt Christine eine gewisse Unsicherheit in der Einordnung des Begriffes:

> Interviewerin: „Ja, du hast ja z.B. unter dem Begriff Bedingung die drei Begriffe Zufall, Daten, Funktion zusammen geordnet."
> Christine: „Ja."
> Interviewerin: „Wieso?"
> Christine: „Wieso. Ja, weil Zufall, Daten und Funktionen sind quasi die Bedingungen, damit man das überhaupt berechnen kann. Man braucht [] man muss davon ausgehen, dass es um einen Zufall geht, man benötigt eine gewisse Anzahl an Daten und, joa, Funktionen passte da ganz gut hin. Weiß ich nicht! Funktionen hat was mit Daten zu tun. Daten graphisch dargestellt und deswegen hab ich das auch noch unter diese Bedingungen [.] Zusammenhang mit den Daten gepackt." (25ff)

Etwas später fragt die Interviewerin nach und da zeigt Christine letztlich ihre Kompetenz, den eher aus der Analysis bekannten Begriff einzelnen Aspekten der Stochastik zuzuordnen, auch wenn ihre Ausführungen eher vage bleiben:

> Interviewerin: „Gut. [...] Und dein Funktionsbegriff ist mir noch nicht ganz klar."
>
> Christine: „Mein Funktionsbegriff"
>
> Interviewerin: „[mhm] Du hast gerade gesagt [] na ja, du sagst immer: Das ist ja alles klar. Aber es geht mir darum, dass du mir erklärst, wie die Zusammenhänge sind"
>
> Christine: [heftig im Ton] „Das Problem ist, dass ich selbst überhaupt nicht weiß, was Funktionen da drinne sollten. Es stand auf dem Schnipsel drauf und ich hab's irgendwo hin gepackt."
>
> Interviewerin: „Ja, ich muss einfach nur wissen, warum du das an die Stelle gepackt hast."
>
> Christine: „Ja, weil ich das sehr im Zusammenhang mit den Daten und Bedingungen sehe, weil: Eine Funktion baut sich auf auf Daten, auf x- und y-Koordinate und [äh] auch Funktionen [] mit Funktionen kann man bestimmte Dinge berechnen, was weiß ich, es war ja [5] ja, was war'n das z.B., ach [] ja, mit Funktionen sind auch oft angegeben, um eine Möglichkeit überhaupt berechnen zu können oder ein Problem darzustellen und deswegen ist es für mich eine Vorbedingung, um berechnen zu können." (86ff)

Auf dem Verbindungspfeil vom „Ereignisraum" zum Bereich „Abzählen" steht: „beeinflusst das Abzählen bzw. schränkt es ein". Auf die Nachfrage, was das bedeuten soll, gelingt eine Erklärung, die konzeptionelles Niveau des Begriffsverständnisses bei globaler Sicht erkennen lässt, Indiz für hohen Vernetzungsgrad:

> „Ja, natürlich [häm] also wenn man einen Ereignisraum hat, dann muss das Ereignis ja da drinne stattfinden, in diesem Raum, den man gegeben hat, und man braucht ja nicht abzählen, was überhaupt nicht in diesem Ereignisraum drinne ist. [6] Ja, schwer zu erklären, aber wenn ich sage: Wie viele Computer stehen hier drin, zähl' ich nicht gleichzeitig noch die Stühle, also. So hab ich mir das gedacht."[L] (78ff)

Da Christine während der Sequenz „Computertomographie" krank war, bleibt das Interview in diesem Teil auf einer allgemeineren Ebene. Dabei äußert sie Interesse an Anwendungsbeispielen und erläutert mit metakognitiven Reflexionen, welche Bedeutung das Wort „interessant" für sie im Zusammenhang mit Mathematik hat. Ihr Studienwunsch Mathematik

5.1 Fallbeispiel Christine als Prototyp vernetzten Wissens 87

spielt dabei eine Rolle, aber auch ihre Selbsteinschätzung, die mit jener im ersten Interview geäußerten übereinstimmt (siehe 5.1.1 S. 71ff):

„Nicht interessant kann ich nicht sagen, weil ich mich versuche, mich für jeden Bereich in der Mathematik zu begeistern, da ich's ja studieren möchte. Somit schließe ich 'nicht interessant' einfach von vornherein aus. [L] Und interessant, besonders interessant [3] ich glieder's einfach so, dass besonders interessant Themen sind, mit denen ich mich mehr beschäftigen muss und die n bisschen schwieriger sind, z.b. was war'n da? [hm] Ja, seine Projektaufgaben, die finde ich interessant, weil sie ein bisschen fordern." (142ff)

Diese Äußerungen stehen teilweise im Widerspruch zu jenen, die zu Beginn dieses Abschnittes zitiert wurden (151ff) und die unmittelbar aufeinander folgen, als erste die eben zitierte. Das „*es fehlt irgendwie dieses ich muss mich hinsetzen und da was für tun*" (160f) könnte eine Erklärung für das etwas niedrigere Niveau der Vernetzungen im Vergleich zur Analysis sein.

Im Themenbereich Stochastik zeigen sich überwiegend Indikatoren für einen hohen Grad der Vernetzung: globale Sicht (Dimensionsausprägung: Makro-Sicht) und hohes begriffliches Niveau (Dimensionsausprägung: konzeptionell). Während die globale Perspektive weit überwiegt, ist hinsichtlich des begrifflichen Niveaus die Dimensionsausprägung funktional relativ oft zu rekonstruieren, z.T. mit konzeptionellen Aspekten. In den gegebenen Begriffen befinden sich jedoch viele mit eher funktionaler Bedeutung, jedenfalls in bezug auf die bis zum Zeitpunkt des Interviews behandelten Inhalte.

Insgesamt zeigt Christine wieder starke Vernetzungen ihres Wissens.

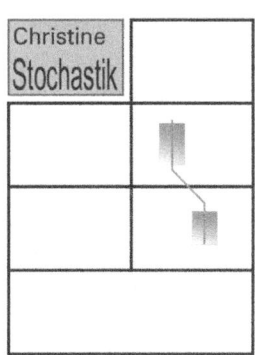

Abb. 5-6: Auswertungs-Boxplot „Stochastik" zu Christine, Quelle: eigene Darstellung

5.1.4 Typeinordnung

Zur zusammenfassenden Auswertung der Interviews mit Christine folgen zunächst noch einmal die Plots zu den drei Interviews. Alle drei Plots zeigen Indikatoren für einen hohen Grad der Vernetzung:

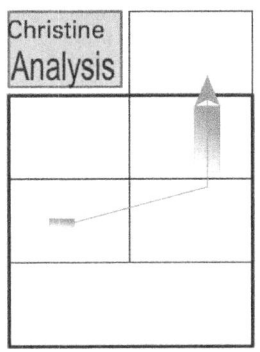 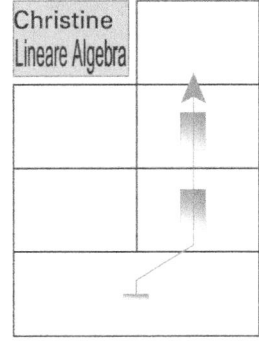 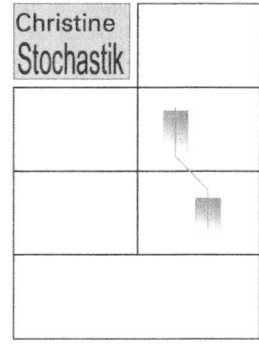

Abb. 5-7: Zusammenschau der Auswertungs-Boxplots zu Christine,
Quelle: eigene Darstellung

- In allen drei Interviews nimmt Christine überwiegend eine globale Perspektive (Dimensionsausprägung: *Makro-Sicht*) ein.
- Das begriffliche Niveau erreicht immer die Dimensionsausprägung *konzeptionell*, in den ersten beiden Interviews mit *multidimensionalen* Anklängen, die höchste erreichbare Dimensionsausprägung.

Es spielt jedoch auch eine Rolle, ob andere Dimensionsausprägungen des begrifflichen Niveaus auftraten und welches Gewicht diesen gegebenenfalls im jeweiligen Interview zukommt:

- Im ersten Interview erreicht Christine nahezu immer die Dimensionsausprägung *konzeptionell*.
- Im zweiten Interview treten die Dimensionsausprägungen *konzeptionell* und *funktional* etwa gleich oft auf, dazu kommt noch gelegentlich die niedrigste Dimensionsausprägung *nominal* (siehe dazu auch Abschnitt 3).
- Im dritten Interview erreicht Christine in der Regel die Dimensionsausprägung *konzeptionell*, die Dimensionsausprägung *funktional* tritt also seltener auf. Dabei ist der funktionale Anteil im verwen-

5.1 Fallbeispiel Christine als Prototyp vernetzten Wissens

deten Lehrbuch vorherrschend. Hinzu kommt, dass das Thema Stochastik neu aufgenommen wurde und in der Kürze der Zeit nur vergleichsweise wenige Inhalte und gegebenenfalls deren verschiedene Ausprägungen behandelt werden konnten.

Insgesamt zeigen alle drei Interviews, dass Christine über eine hohe Vernetzung des Wissens verfügt, trotz der Abstriche besonders im zweiten Interview, denn nur der erste Themenbereich Analysis ist über Jahre hinweg aufgebaut worden, die anderen beiden Themenbereiche waren für die Lernenden neu. So konnten sich nur die Vernetzungen zur Analysis in einem bekannten Umfeld entwickeln.

Concept Map 1   Concept Map 2   Concept Map 3

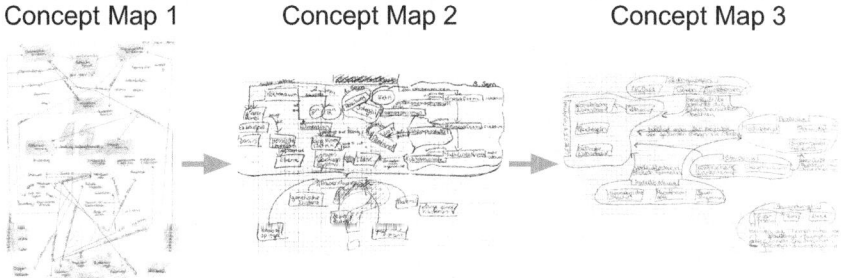

Abb. 5-8: Zusammenschau der Concept Maps von Christine, Quelle: eigene Darstellung

Auffällig an den drei Concept Maps ist, dass sich die Gliederung bzw. die Anordnung der Begriffe vom Chaos in der ersten Concept Map, über das Verteilen der Begriffe auf drei sehr unterschiedlich große Bereiche in der zweiten Concept Map bis zur inhaltlichen Gliederung in sechs etwa gleich umfangreiche Bereiche entwickelt, vermutlich gestützt durch Christines Interesse an Strukturwissen, aber auch durch Reduzieren der Anzahl der Begriffe.

Alle drei Concept Maps zeigen eine hohe Vernetzung des Wissens von Christine.

Mehrfach lassen sich metakognitive Ansätze in ihren Überlegungen feststellen, die eine Grundlage für Vernetzungen sind. Christines Selbsteinschätzung, verbunden mit emotionaler Anspannung, war dabei vorübergehend hinderlich (siehe oben Interview zur Stochastik).

Die obigen Ausführungen legen nahe, Christine als Prototyp für „vernetztes Wissen" einzustufen:

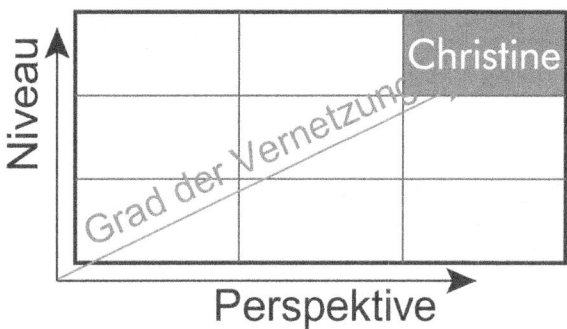

Perspektive auf das Wissen: überwiegend Makro
Begriffliches Niveau: hoch

Abb. 5-9: Christine als Prototyp für vernetztes Wissen, Quelle: eigene Darstellung

5.1.5 Überprüfung

Der hohe Grad der Vernetzung des Wissens bei Christine zeigt sich auch in den drei Klausuren und den drei Tests zum Thema Lineare Algebra vor dem 2. Interview. Sie sind stets im Bereich „gut" bis „sehr gut" benotet worden, ebenso die Vorabitur-Klausur (Analysis und Lineare Algebra). In den ausgesuchten Teilaufgaben lässt sich bei Christine meist ein hohes begriffliches Niveau (Dimensionsausprägung: konzeptionell) rekonstruieren, sie nimmt dabei überwiegend eine globale Perspektive (Dimensionsausprägung: Makro-Sicht) ein. Andererseits gibt es auch verschiedentlich begriffliche Probleme, die jenen im Interview entsprechen.

Test und Klausur zum Themenbereich Stochastik wurden mit „sehr gut" benotet. Christine zeigt auch hier meist hohes begriffliches Niveau und globale Perspektive, z.B. in der folgenden Klausuraufgabe:

5.1 Fallbeispiel Christine als Prototyp vernetzten Wissens 91

7. a) Geben Sie einen Überblick über die im Stochastik-Unterricht behandelten Themen. Erläutern Sie dabei auch, wie diese miteinander zusammenhängen.

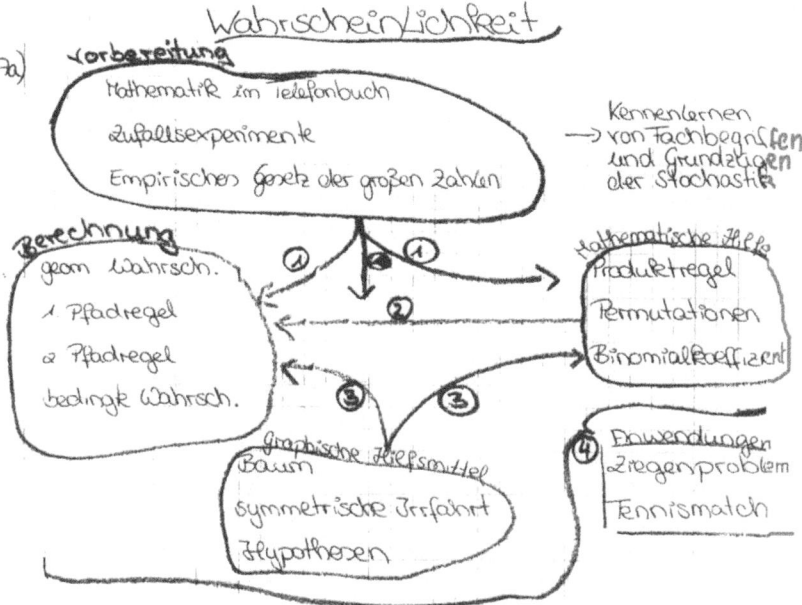

Abb. 5-10: Concept Maps als Klausuraufgabe zum Themenbereich „Stochastik", Quelle: eigene Darstellung

Der folgende Text sind Christines Erläuterungen:

(1) Der Pfeil von Vorbereitung zu Berechnung soll verdeutlichen, wie wichtig diese 3 Vorbereitungskapitel für die Berechnung und die Hilfsmittel waren und sind, da man in diesen 3 Kapiteln mit grundlegenden Begriffen und dem Basiswissen vertraut wurde. Man wusste durch diese Vorbereitung, um was es in dem Thema Stochastik geht.

(2) Dieser Pfeil geht von mathematischen Hilfsmitteln zur Berechnung, da diese 3 Kapitel mit dem Berechnen von Anzahl an Möglichkeiten, Variationen, Pfaden, Wegen usw. vertraut machen, mit und ohne Wiederholungen, welche für die Ergebnisraum Angabe sehr

wichtig sind, was wiederum für die Berechnung von Wahrscheinlichkeiten sehr wichtig ist.

(3) Die graphischen Hilfsmittel werden benötigt um zu veranschaulichen, was man gerade wie berechnet und warum das dann auch so geht. Ich habe auch das Kapitel Hypothesen in diese „Blase" gesetzt, da es meiner Meinung nach mit der Gestaltung eines Problems zu tun hat und es durch Hypothesen verdeutlicht wird.

(4) Diese Klammer habe ich gesetzt, da diese beiden Anwendungskapitel alles miteinander vereinen. Als Hauptthema die beiden Pfadregeln (das Ziegenproblem), welches graphisch durch ein Baumdiagramm dargestellt werden konnte, und das Tennismatch, welches sowohl den Baum, als auch die symmetrische Irrfahrt anwendet.

b) Welche Verbindungen sehen Sie zur Analysis, welche zur Linearen Algebra?

Was sofort ins Auge fällt, ist der Binomialkoeffizient, welchen wir in den vorherigen Semestern benutzt haben und der auch etwas mit den Binomischen Formeln zu tun hat.

Eine weitere Verbindung zur Analysis sind die relativ vielen Funktionen, welche zur Verdeutlichung benutzt werden, wenn sich z.B. die Wahrscheinlichkeit einem bestimmten Wert annähert.

Verbindungen zur Linearen Algebra sehe ich in der Art der Definition eines Ergebnisraumes, welche mich an die Strukturen der Linearkombinationen erinnert.

Diese Tests und Klausuren bestätigen die oben getroffene Typisierung. Das gilt ebenso für den Fragebogen, der durchgängig hohes begriffliches Niveau, meist mit Makro-Sicht, aufweist und Metabemerkungen einschließt.

5.2 Fallbeispiel Peter als Prototyp vernetzen Wissens

Auch Peter wird im Folgenden als Prototyp für „vernetztes Wissen" rekonstruiert. Dabei nähert sich Peter jedoch im Vergleich zu Christine auf andere Weise diesem Typ an: eine starke Dominanz großer struktureller Linien – weniger Details, aber tiefes Begriffsverständnis – konnte über die Indikatoren „Begriffliches Niveau" und die „Perspektive auf das Wissen" rekonstruiert werden.

Peter wird als ein Lernender beschrieben, der überwiegend auf einem hohen begrifflichen Niveau argumentiert, das in der Dimensionsausprägung bis zum höchsten Niveau eines multidimensionalen Verständnisses reicht. Dabei nimmt Peter überwiegend eine globale Perspektive ein (Dimensionsausprägung: überwiegend Makro-Sicht).

Diese allgemeine Charakterisierung von Peter soll nun im Detail dargestellt und begründet werden, bezogen auf die Themengebiete Analysis, Lineare Algebra und Stochastik.

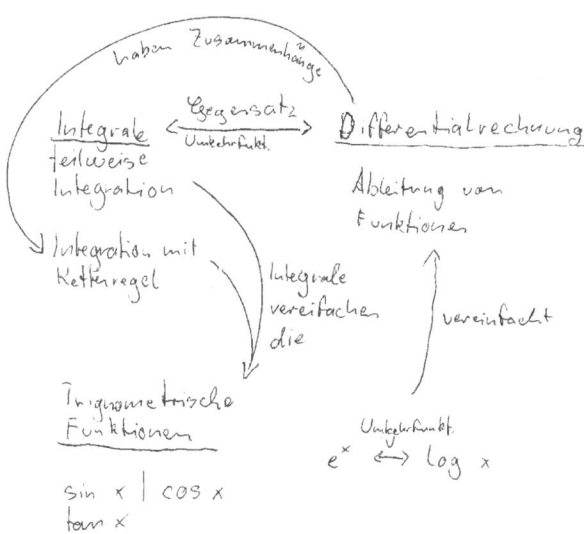

Abb. 5-11: Concept Map „Analysis" von Peter, Quelle: eigene Darstellung

5.2.1 Analysis

Beschreibung der Analysis Concept Map

Die Concept Map von Peter (Abb. 5-13) enthält vergleichsweise wenige Begriffe und ist deutlich strukturiert. Dabei stehen sich die unterstrichenen Begriffe *Integrale* und *Differentialrechnung* an exponierter Stelle gegenüber, verbunden durch einen Doppelpfeil, der mit *Gegensatz* und kleiner darunter mit *Umkehrfunkt.* beschriftet ist.

Unter *Integrale* schreibt Peter die zwei komplexen Berechnungsarten *teilweise Integration* und *Integration mit Kettenregel*, auf die, von der *Differentialrechnung* ausgehend, ein Pfeil mit der Beschriftung *haben Zusammenhänge* zeigt. Von den Integrationsmethoden geht je ein Pfeil aus, mündend in eine gemeinsame Spitze. Diese zeigt auf *Trigonometrische Funktionen (sin x, cos x, tan x)*. Neben die Pfeile hat Peter *Integrale vereinfachen die* geschrieben.

Unterhalb der *Differentialrechnung* auf der rechten Seite der Concept Map steht *Ableitung von Funktionen*. Hier endet ein Pfeil, der von e^x und *log x* nach oben zeigt. An den Pfeil hat Peter vereinfacht geschrieben. e^x und *log x* sind mit einem Doppelpfeil verbunden, auf dem *Umkehrfunkt.* steht. Dieser Doppelfeil befindet sich etwa auf der Höhe der *trigonometrischen Funktionen*.

Interpretation der Analysis Concept Map

Eine Erklärung für die Begriffsarmut könnten Peters Äußerungen zur Erstellung der Concept Map sein:

> Peter: „[pffhh] Nee, nicht dass ich wüsste. [..] Also ich find das eigentlich nicht sonderlich interessant, dieses Ding zu erstellen. Herr Euba möchte das immer gerne für seine Experimente, die er da mit uns macht. Aber mir macht das eigentlich nicht so den großen Spaß, diese Maps zu erstellen,"
>
> Interviewerin:[mhm]
>
> Peter: „weil ich diese Zusammenhänge entweder sehe, oder ich sehe sie nicht. Und ich seh sie nicht mehr dadurch, dass ich mir das aufzeichne."
> (76ff)

Der 2. Teil des zitierten Abschnittes könnte ein Indiz dafür sein, dass Peter ein intern orientierter visueller Typ ist. Und diese „bevorzugen weitgehend

5.2 Fallbeispiel Peter als Prototyp vernetzten Wissens

die interne Verarbeitung mathematischer Sachverhalte" (Borromeo Ferri, 2004, S. 48).
Die Concept Map enthält keine funktionalen Aspekte (wie z.B. $(x^n)' = n \cdot x^{n-1}$). Hinter meist vagen Beschreibungen von Beziehungen sind konzeptionelle Elemente erkennbar wie die Beziehung zwischen der Differential- und der Integralrechnung als Umkehrungen, die Peter im Interview mit Funktionsgraphen präzisiert.

Der Gedanke der „Vereinfachung", notiert an beiden in der Senkrechten verlaufenden Pfeilen, ist eine ausgefallene Antwort auf die Frage, wozu man die genannten Integrationsmethoden verwenden kann, bzw. wozu die e-Funktion und ihre Umkehrfunktion nützlich sind (oder *Umkehrfunktion* alleine). Was Peter genau meint mit *vereinfachen*, wird auch im Interview nicht deutlich. Der rechte Pfeil könnte anspielen auf die Herleitung der Ableitung der allgemeinen Potenzfunktion f: $x \to x^a$ ($x \in \mathbb{R}^+$), bei der x^a ersetzt wurde durch $e^{a \cdot \ln x}$, oder auch auf die Bestimmung der Ableitung der Umkehrfunktion mit Hilfe der Ableitung der Ausgangsfunktion.

Die „Vereinfachungs-Pfeile" vom Integral zu den trigonometrischen Funktionen könnten Aufgaben zur partiellen Integration und zur Substitution widerspiegeln, bei denen die Sinus- und die Kosinus-Funktion verwendet und in gewisser Weise vereinfacht wurden.

Trotz der Begriffsarmut und der Vagheit mancher Beschriftung wird jedoch deutlich, dass Peter eigene persönliche Vernetzungen auf hohem Niveau aufbaut, die eher großen strukturellen Linien folgen. Details in der Concept Map sind rar.

Interview zu Analysis

Dass Peter eigene Vernetzungen aufbaut, die eher großen strukturellen Linien folgen, wird auch im Interview deutlich. Er erklärt seine Einstellung zu Details, mit denen er auch manchmal ein Problem hat. An verschiedenen Stellen zeigt sich aber auch ein tiefes Begriffsverständnis, das teilweise sehr persönlich geprägt ist.

Über seine Probleme mit der Erstellung von Concept Maps und deren Erklärungen äußert sich Peter noch einmal zum Schluss des Interviews:

> „Ich fand das, ja, nur noch bisschen, sach ich einfach mal, bisschen nervig, dass ich jetzt diese Map noch erklären sollte. Ich hab das Ganze aufgeschrieben, und jemand schreibt normal etwas nicht auf, [ähm] damit er das noch mal alles erklären muss. Man liest sich das durch und dann versteht

man's oder nicht. Ich find das blöd, dass ich das noch mal erläutern musste. [L]" (265ff)

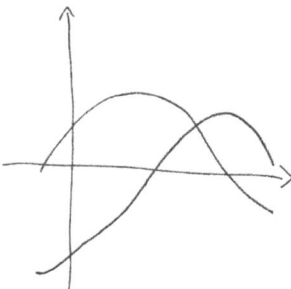

Abb. 5-12: Visualisierung des Ableitungs- und Integralbegriffs von Peter im Interview, Quelle: eigene Darstellung

Denktypen werden zwar in dieser Arbeit nicht erhoben, sie könnten aber erklären, dass die Qualitäten von Peter im Unterricht manchmal verborgen blieben. Diese Qualität zeigt sich z.b. bei den Erläuterungen zum Ableitungs- und Integral-Begriff, die Peter jeweils mit rein globaler Sicht (Dimensionsausprägung: Makro-Sicht) erläutert, indem er die Ableitungs- bzw. Stammfunktion zu einem frei gewählten Beispiel visualisiert. Der im Folgenden zitierte Abschnitt zur Integralrechnung enthält verschiedene Reflexionen zum Thema, die auch metakognitive Ansätze beinhalten. Insgesamt beleuchtet Peter das Thema so vielschichtig, dass ein tieferes Verständnis sichtbar wird; er erreicht damit das höchste Niveau des Begriffsverständnisses (Dimensionsausprägung: multidimensional):

> „Also mit dem Integralbegriff verbinde ich halt, dass man von den Funktionen, wenn man ja nicht die Ableitung hat, sondern [..] ja dann, damit kann man herausfinden, wie die eigentliche Kurve sozusagen aussieht, wenn man die Steigung kennt. Können wir jetzt auch noch mal so ne Kurve zu malen.
> Das ist immer nicht ganz so einfach, weil's da sozusagen mehrere Möglichkeiten gibt, wie man das auflöst, wenn man jetzt, noch mal ne einfachere Kurve, so.[ähm] Wenn das jetzt [ähm] die Steigung einer Kurve ist, die ich suche, dann ist sie hier hauptsächlich positiv, hier ist sie relativ, also hier ist sie Null, ich zeichne die Kurve mal hier unten so hoch. Dann fang ich mal hier unten an. Da ist die Steigung Null, da steigt sie dann immer mehr, dann hat die Funktion hier ihren Wendepunkt, dann wird die Steigung langsam weniger, hier ist sie dann Null und da fällt sie dann wieder. So.

5.2 Fallbeispiel Peter als Prototyp vernetzten Wissens

> [ähm] Ja und damit, ja, was kann man damit machen? Man kann damit auch Flächen berechnen, die sozusagen unter der Kurve liegen, damit kann man dann, wenn man die Dinger um die Achsen rotieren lässt, bestimmte Körper berechnen. Damit kann man alles Mögliche [L] berechnen. Find ich auch persönlich sehr interessant. Hab ich mir ja auch früher schon mal Gedanken drüber gemacht, wie so was wohl geht. Ich hatte keine Ahnung. Differentialrechnung hab ich früher nie dran gedacht, dass mich so was irgendwie mal interessieren würde. Aber Integralrechnung fand ich dann doch schon interessant. [4]
> Was fällt mir dazu noch ein. Ja Integralrechnung ist halt etwas schwieriger als die Differentialrechnung, weil man nicht immer Integrale finden kann und [ähm] von komplizierten Funktionen das auch nicht gerade einfach zu machen ist, für mich besonders schwierig [L] na ja [pfhh] [...] joa." (142ff)

Den Begriff „Umkehrfunktion" verwendet Peter in seiner Map in zwei verschiedenen Bedeutungen: er bezeichnet damit den Zusammenhang zwischen der Exponentialfunktion und dem Logarithmus und – eher umgangssprachlich – zwischen der Differential- und Integralrechnung, worauf sich eine Nachfrage bezieht, zumal er die letztgenannten Beziehung auch „Gegensatz" genannt hatte:

> „Das ist eigentlich dasselbe. Was heißt Gegensatz [...] ja es ist halt eigentlich mehr Umkehrfunktion, das soll das eigentlich beinhalten."
> Interviewerin: „Und was meinst du mit genau mit Umkehrfunktion?"
> Peter: „Umkehrfunktion, ja, Umkehrfunktion: Man kann mit der Differentialrechnung weiß ich nicht was rechnen und wenn man dann dieselbe Funktion nimmt und da wieder mit der Integralrechnung drangeht, bekommt man dieselbe Funktion, die man vorher hatte." (33ff)

Mit dem Faktenwissen hat Peter mehrmals Probleme: So kann er z.B. nicht erläutern, inwiefern die Exponentialfunktion die Ableitung anderer Funktionen vereinfacht (58ff), er kann die in der Concept Map erwähnte Kettenregel nicht korrekt nennen (48: Erstes Element abgeleitet mal zweites), und in der spontan ausgedachten Ableitung sind zumindest Variable und Konstante vertauscht (96ff). So schreibt er auf:

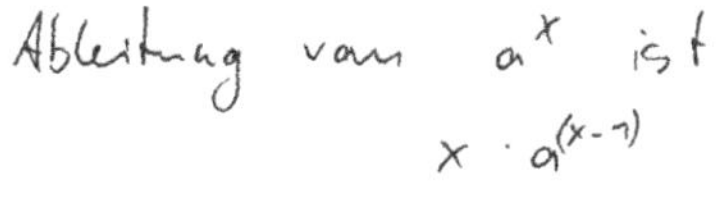

$$\text{Ableitung von } a^x \text{ ist}$$
$$x \cdot a^{(x-1)}$$

Abb. 5-13: Ideen zu Ableitungsregeln von Peter im Interview, Quelle: eigene Darstellung

Gegen Ende des Interviews gibt Peter eine Reflexion des Mathematikunterrichts im vergangenen Halbjahr, die auch metakognitive Aspekte (deklarativ, motivational) enthält sowie Hinweise auf die Ursachen für die Probleme mit dem funktionalen Niveau:

> „Ich fand es nur am Anfang halt interessanter, am Ende weniger interessant, weil man immer spezieller wird halt auch. Ich hab, wir ham am Anfang so ne Aufgabe gerechnet, das war, wo wir ausgerechnet haben, wie schnell denn so n Zug fährt zwischen Haltestellen mit Beschleunigung und Abbremsen hab ich da n Programm zu geschrieben, das fand ich damals noch interessant"
>
> Interviewerin: [mhm]
>
> Peter: „und das war auch ohne weiteres realisierbar, aber das wird dann, das wird dann immer spezieller und immer spezieller und dann kommen da kompliziertere Funktionen zusammen und ich find das irgendwo dann n bisschen überflüssig."
>
> Interviewerin: [mhm]
>
> Peter: „Aber das ist jetzt für die allgemeine Oberstufe, das wird in jedem Fach so." (241ff)

Deutliche Indikatoren für den hohen Vernetzungsgrad zeigen sich in der Auswertung des Interviews: Peter nimmt weitgehend eine globale Perspektive ein (Dimensionsausprägung: Makro-Sicht). Trotz gelegentlicher Schwierigkeiten im Faktenwissen, also im Detail, z.B. beim Berechnen einer konkreten Ableitungsfunktion, erreicht das begrifflichen Niveau überwiegend die Dimensionsausprägung konzeptionell, an einigen Stellen sind multidimensionale Aspekte rekonstruierbar, die höchste erreichbare Dimensionsausprägung.

Peter verfügt ausgeprägt über Metakognition bzw. Metawissen.

Insgesamt zeigt Peter einen hohen Grad der Vernetzung seines Wissens.

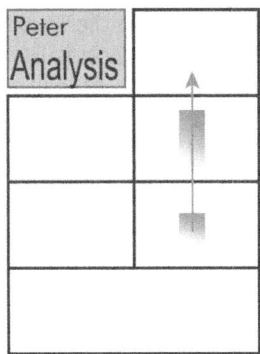

Abb. 5-14: Auswertungs-Boxplot „Analysis" zu Peter, Quelle: eigene Darstellung

5.2.2 Lineare Algebra

Beschreibung der Lineare Algebra Concept Map

Auch bei Peter ist das Vernetzungsniveau in diesem Themenbereich niedriger als in den beiden anderen Themenbereichen. Das wird im Interview deutlicher als in der Concept Map, die jedenfalls in Teilen nicht selbsterklärend ist.

Die Concept Map von Peter zeigt starke Vernetzungen, allerdings können relativ viele Begriffe nicht bzw. nur ansatzweise nachvollzogen werden, da viele Pfeile unbeschriftet sind.

Von den 30 vorgegebenen Begriffen tauchen in der Concept Map 29 auf, statt Integral verwendet Peter Integration.

Nicht verwendet:	Population
Hinzugefügt:	Abbildung – Verlust • Multiplikation • Umkehrung • Vektor

Tabelle 5-3: Begriffe in Peters Concept Map „Lineare Algebra", Quelle: eigene Darstellung

Die Concept Map (Abb. 5-18) ist in vier Bereiche gegliedert: der größte Bereich nimmt gut 50% des vorhandenen Raums ein, darunter links befinden sich zwei ganz kleine Bereiche und darunter liegt ein Streifen für den „Papierkorb", der seinerseits in drei Bereiche gegliedert ist, nämlich *Nie gehört* • *Keine genaue Vorstellung* • *Keine Struktur, kein Zusammenhang*, wobei die in die beiden letzten Teilbereiche eingetragenen fünf Begriffe offenbar auf unterschiedliche Weise dabei sind, den Papierkorb zu verlassen. Nur die beiden Begriffe *Bezierkurve* und *genetische Distanz*, die jeweils in einer Aufgabe vorgekommen sind, hat Peter in den „endgültigen" Papierkorb (*Nie gehört*) eingetragen.

Die beiden kleinen Bereiche links oberhalb des „Papierkorb-Streifens" haben keine Beziehung nach außen. Der linke der Bereiche enthält die Begriffe *Ableitung* und *Integration*, die in beide Richtungen verbunden sind. Diese beiden Pfeile hat Peter mit *Umkehrung* beschriftet. Der kleine Bereich daneben enthält die Begriffe *Fraktal* und *Länge einer Küstenlinie*, die mit einem Pfeil verbunden sind, der bei *Fraktal* startet. Am Rand des Pfeiles hat Peter *beschreibt* vermerkt.

Der obere große Bereich heißt *Vektorraum*. Er weist viele Beziehungen auf, deren Verfolgung manchmal durch Richtungswechsel Probleme bereitet.

Als Verbindung zur Überschrift *Vektorraum* hat Peter *Dimension* gewählt.

Davon geht nach rechts eine Vernetzungskette, die sich um Matrix gruppiert und die Begriffe *Rang*, *Lineares Gleichungssystem* und *Determinante* enthält. Die Verbindung zur *Dimension* ist deren mögliche Berechnung mithilfe einer *Matrix*.

Nach unten wird *Dimension* verbunden mit $\mathbb{R}^n$, an das sich nach links *Homomorphismus*, *Kern* und *Isomorphismus* anschließen. Weiter nach unten ist $\mathbb{R}^n$ mit *Basis* verbunden und dann mit verschiedenen „Bauteilen" eines Vektorraums wie *Linearkombination*, *Ebene*, *Skalarprodukt* und *Hessesche Normalform* mit *Lot* und *Abstand*. Überraschend dabei ist die Verbindung von der *Ebene* zum *Parabolspiegel* und die Einordnung der *Linearform* zwischen *Ebene* und *Hessesche Normalform*.

Die Mehrzahl der Verbindungspfeile ist nicht beschriftet.

Interpretation der Lineare Algebra Concept Map

Bemerkenswert ist zunächst die oben geschilderte Einteilung des „Papierkorbs", mit der Peter nicht einsortierbare Begriffe unterscheiden kann. Hier zeigt sich wieder seine Fähigkeit zur prozeduralen Metakognition, d.h. der „vor, während und nach einer Aufgabenbearbeitung vorgenommenen Tätigkeit des Planens, Überwachens und Prüfens, bei denen eine Person sich gewissermaßen selbst über die Schulter blickt" (Sjuts, 2003, S. 19).

Die zwei kleinen Bereiche mit Ableitung und Fraktal dokumentieren eine Vorstufe der Vernetzung: Die jeweils zwei dort stehenden Begriffe sind mit beschrifteten Pfeilen verbunden und bieten so Ansätze für weitere Verbindungen.

Der große Bereich *Vektorraum* lässt ausgeprägtes Strukturwissen erkennen. Ob Peter den Raum $\mathbb{R}^n$ in seiner Eigenschaft als Modellvektorraum so nahezu zentral eingefügt hat, ist nicht explizit erkennbar, es würde aber z.B. die Vernetzung mit *Homo-* und *Isomorphismus* erklären. Den Begriff *Linearform* ordnet Peter möglicherweise direkt vor der *Hesseschen Normalform* ein, weil beide Begriffe als *...form* bezeichnet werden.

5.2 Fallbeispiel Peter als Prototyp vernetzten Wissens

Der Zusammenhang mit *Homo-* und *Isomorphismus* oder auch *Skalarprodukt* hat für Peter offenbar keine Bedeutung. Die Vernetzung von *Ebene* zum *Parabolspiegel* kann auf mehrere Arten gedeutet werden: die in einer Aufgabenstellung gegebene Definition für einen Parabolspiegel, in der ein Abstand zur Ebene vorkommt, oder die Sicht des Spiegels als „gekrümmte Ebene".

Es wäre interessant zu wissen, was Peter veranlasst hat, *Lineares Gleichungssystem* unter *Matrix* anzuordnen (mit korrekter Erklärung am Zuordnungspfeil) aber gleichzeitig auch im „Papierkorb" mit der Überschrift *Keine genaue Vorstellung*.

Neben konzeptionellen Aspekten zeigt die Concept Map auch, dass der Vernetzungsprozess noch nicht abgeschlossen ist. Das dürfte, wie schon erwähnt, daran liegen, dass das Thema auf sehr abstraktem Niveau behandelt wurde und auch inhaltlich für die Schülerinnen und Schüler neu und ungewohnt war. Hinzu kam bei Peter die „Sinnfrage", die für ihn ungeklärt war: er äußerte im Interview, dass er einen Nutzen der Linearen Algebra nicht erkennen kann.

Peter hat ersichtlich Probleme mit diesem Thema: die Dimensionsausprägung konzeptionell des begrifflichen Niveaus kann seltener rekonstruiert werden und in der Perspektive ist die Dimensionsausprägung Makro-Sicht nicht mehr vorherrschend. Gelegentlich erreicht Peter sogar nur nominales Niveau des Begriffsverständnisses. Metakognitive Ansätze zeigen sich aber nach wie vor.

Zwischen der Erstellung der Concept Map und dem Interview lag ein Zeitraum von mehr als einem Monat. In diesen Zeitraum fielen die Herbstferien, es wurde aber auch eine Klausur geschrieben. An mehreren Stellen des Interviews macht Peter deutlich, dass er in dieser Zeit dazugelernt hat. So sagt er ganz am Schluss des Interviews auf die Frage der Interviewerin, ob er nicht doch eine bestimmte Verbindung sieht:

> „Ja, gewissermaßen, mittlerweile. Das ist ja auch nicht mehr aktuell das Ding, das ist ja auch schon ein paar Tage her, dass wir das gemacht haben."
> (196ff)

und zeigt dabei metakognitive Ansätze, die nach Sjuts (2003) als deklarativ zu bezeichnen sind, da es „das gesamte diagnostische Wissen, das jemand über das eigene Denken und das anderer Person besitzt" (S. 18) umfasst.

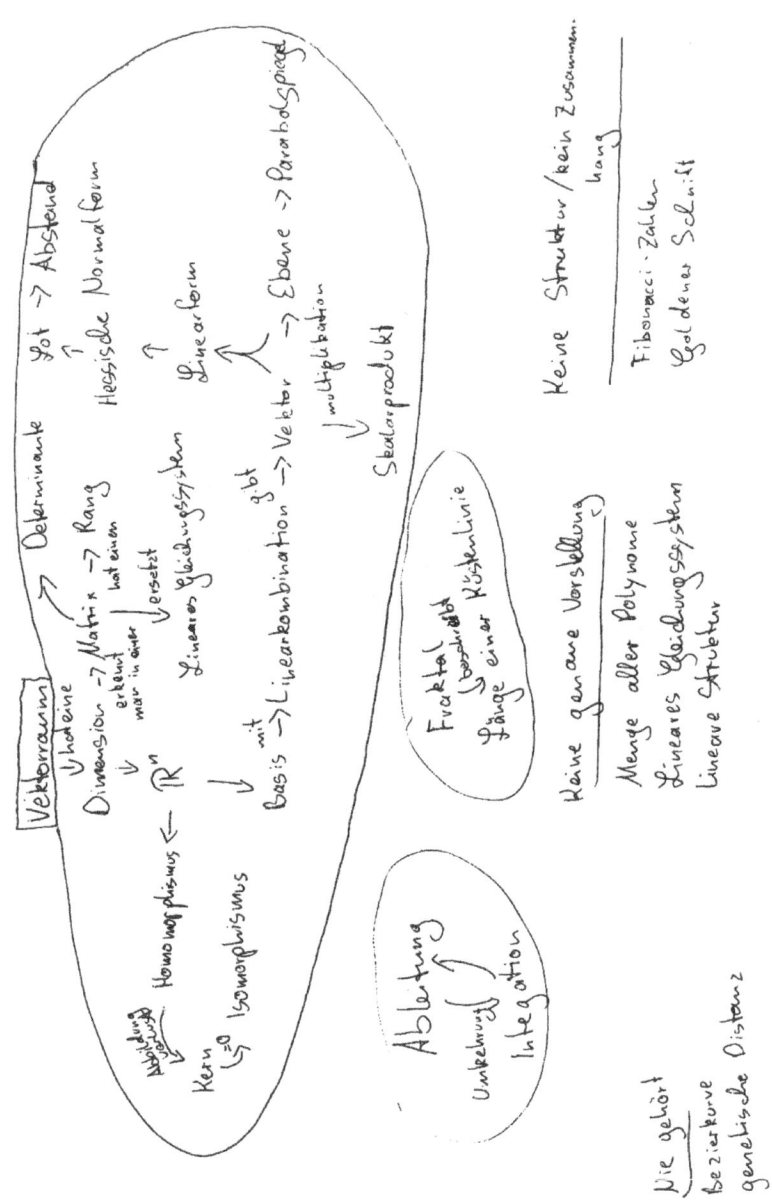

Abb. 5-15: Concept Map „Lineare Algebra" von Peter, Quelle: eigene Darstellung

5.2 Fallbeispiel Peter als Prototyp vernetzten Wissens

Interview zu Linearer Algebra

Den Begriff *Linearform* und dessen Einordnung in die Map hält Peter für fehlerhaft, kann jedoch die Einordnung erklären. An dieser und an vielen anderen Stellen des Interviews wird deutlich, dass Peter, wie Sjuts (2003) es formuliert, sich selbst über die Schulter blicken kann hinsichtlich seines Begriffsverständnisses und damit metakognitive Aspekte zeigt:

> „Dann [äh], mit der Linearform, das habe ich glaube ich nicht so richtig gemacht, meine ich. Ich weiß aber selber eigentlich nicht so genau, was ne Linearform ist. Ich dachte mir, das passt da nur so gut rein [L]"
> Interviewerin: „Warum?"
> Peter: „[äh] Weil das so linear mit Linearkombination irgendwie scheinbar was Ähnliches zu sein scheint. Vom Namen her." (24ff)

An einigen Stellen erreicht Peter konzeptionelles Niveau und geht dabei auch eigene Wege:

> „Und dann sehe ich halt keinen Zusammenhang mit den Fibonacci-Zahlen irgendwo mittlerweile schon eher mit der Matrix, weil wir teilweise auch Folgen in der Matrix dargestellt haben, ich das geübt hab mit ner Kameradin und dann [..] verstehe ich da jetzt etwas mehr Zusammenhang. Also die Fibonacci-Zahlen würde ich wahrscheinlich in der Nähe von der Matrix einordnen." (113ff)

Er ringt auch mit Begriffen wie z.B. „Lineare Struktur". Er beschreibt dabei sein Wissen und die Lücken auf eher konzeptionellem Niveau und nimmt dabei eine globale Perspektive ein:

> „Also 'lineare', unter lineare kann ich mir irgendwie noch nicht so was vorstellen. Wir hatten früher mal lineare Funktionen, die liefen dann immer gerade lang, aber ich weiß nicht, ob das damit noch allzu viel zu tun hat. Unter 'Lineare Struktur' [..] na ja, also irgendwie bleibt halt, wenn wir irgendwelche Folgen oder Funktionen haben halt die Struktur erhalten. Wenn wir jetzt ne Folge haben: a, nächstes Teil ist a+1, a+2 oder was, und wenn man die dann addiert, dann hat man immer noch a und a+ne Zahl, also ist: Die Struktur bleibt erhalten. So viel weiß ich. [..] Toll, ne?"
> Interviewerin: [LL] „Ja, das ist nicht schlecht."
> Peter: „Na, geht so..." (139ff)

Verbindungen zwischen den Themen Analysis und Lineare Algebra sieht Peter nur in einem Punkt:

„Also wir ham, ich kann mir jetzt relativ, ich weiß jetzt gar nicht mehr genau, was wir gemacht haben in der Analysis, also wir hatten da irgendwelche Kurven meine ich noch, mit Ableitungen und so was, aber ich seh da im Moment relativ wenig Verbindungen. Bis auf die, dass wir mit der Ableitung halt diese Kurven da oder die Ableitung von Kurven berechnet haben und dass die Ableitung auch eine Abbildung ist, welche ein Homomorphismus ist. Hab ich gehört, soll so sein, aber sonst sehe ich da eigentlich wenig Verbindung." (184ff)

Ein Aspekt für die eher geringe Vernetzung zwischen den beiden Themenbereichen könnte auch sein, dass Peter unmittelbar vor obiger Äußerung anmahnt, dass der Nutzen der Linearen Algebra ihm nicht vermittelt wurde und sich in eine emotionale Ablehnung des Themenbereichs steigert:

„[hm] Tja [..], wo sehe ich den Nutzen? [L] Also im Moment sehe ich überhaupt keinen Nutzen. Das ist eigentlich das, was Herr Euba uns immer am allerwenigsten vermittelt, den Nutzen." (155ff)

Interviewerin: „Und, also sowohl für dich persönlich, [ähm]"

Peter: „Ja, für mich persönlich sowieso nicht. [äh] Für andere Leute, ich seh damit noch nicht so ganz, was man damit überhaupt anfangen kann. Ich sach mal, das ist ja wunderschön, wenn wir nen Homomorphismus und nen Isomorphismus haben, bei dem die Struktur erhalten bleibt. Das ist ja wahnsinnig beeindruckend, man kann da sicherlich wunderschöne Arbeiten drüber schreiben, nur sehe ich leider überhaupt nicht, wozu man das gebrauchen kann." [4] (166ff)

Peter erreicht hohes begriffliches Niveau bei überwiegend lokaler Perspektive (Dimensionsausprägung: Mikro-Sicht).

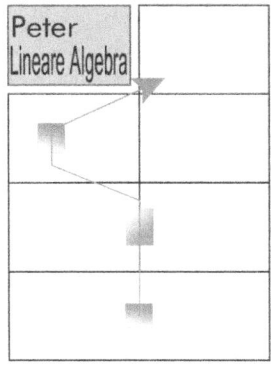

Abb. 5-16: Auswertungs-Boxplot „Lineare Algebra" zu Peter, Quelle: eigene Darstellung

Häufiger ist ein mittleres Niveau (Dimensionsausprägung: funktional) bei gemischter Perspektive rekonstruierbar, was aber oft von der Frage der Interviewerin abhängt.

Gelegentlich tritt niedriges Niveau auf (Dimensionsausprägung: nominal), was aber zumeist von Peter erkannt und analysiert wird. An diesen und anderen Stellen sind Peters Fähigkeiten zur Metakognition rekonstruierbar. Daher relativiert sich hier das „niedrige Niveau". Nachträgliche begründete Änderungen der Concept Map setzen teilweise eine globale Perspektive voraus bei multidimensionalen Anklängen.

Der Vernetzungsgrad ist offenbar niedriger als im Themenbereich Analysis, er liegt aber insgesamt knapp über dem mittleren Grad der Vernetzung.

5.2.3 Stochastik

Beschreibung der Stochastik Concept Map

In diesem 3. Themenbereich zeigt Peter aufs neue einen hohen Grad der Vernetzung, der im Interview wieder mithilfe der Indikatoren rekonstruiert werden konnte. Doch zunächst geht es um die Concept Map, der Peter nun auch in der äußeren Form seine persönliche Note gibt:
Alle der 21 vorgegebenen Begriffen tauchen in der Concept Map (Abb. 5-20) auf.

Alle Begriffe verwendet	
Hinzugefügt:	analog • Anordnung • Ereignis • Fakultät (x!) • Gesetze • Modell • Stochastik • Wahrscheinlichkeit

Tabelle 5-4: Begriffe in Peters Concept Map „Stochastik", Quelle: eigene Darstellung

Peter schreibt die gegebenen Begriffe in rot, verbindenden Text und neue Begriffe in blau. Die äußere Form weicht von den bisherigen ab, da die einzelnen Bereiche nicht über einen Rahmen deutlich optisch getrennt sind, sondern sich um drei Rahmen gruppieren, welche verschiedene gegebene Begriffe enthalten. Bis auf eine Ausnahme sind denkbare Verbindungen in Texten beschrieben. Die einzelnen Bereiche und deren Anordnung lassen jedoch eine Struktur erkennen.

Die Überschrift *Stochastik* zeigt auf *Wahrscheinlichkeit* und *Zufall*. Darunter stehen (Rechen-) *Gesetze* (*Pfadregeln* • *Produktregel* • *Binomialkoeffizient*). Daneben gibt Peter an, wozu dies verwendet werden kann.
Rechts daneben und nur wenig tiefer hat Peter die *geometrische Wahrscheinlichkeit* platziert, die er mit *analog* charakterisiert. Unmittelbar darunter die Möglichkeit des *Abzählens*, vernetzt mit *Daten*, mit denen man ein *Modell bilden* kann, überprüfbar mit Hilfe des *Hypothesentests*.
Direkt unter den *Gesetzen*, aber etwas weiter links, geht es um *Baumdiagramme*, die in bestimmten *Aufgaben* vorkamen, wie z.B. *Urne, Ziegenproblem* und *Tennis*. Schräg darunter wird der Begriff der *Permutation* erklärt. Direkt rechts daneben notiert Peter sechs der Begriffe, die er nicht einordnen konnte (*Symmetrische Irrfahrt* und *Rekursion*), von denen vier eher theoretischer Natur sind (*Funktionen, Struktur, bedingte Wahrscheinlichkeit, Wahrscheinlichkeitsmaß*).

Interpretation der Stochastik Concept Map

Durch Aufzählung von Teilaspekten gelingt Peter ein zutreffender Überblick über Teile der Stochastik. Verbunden sind diese Teilaspekte durch ihre Lage in der Concept Map.
Die Überschrift *Stochastik* (hinzugefügter Begriff) wird in zwei Bereiche unterteilt: *Wahrscheinlichkeit* (hinzugefügt) und *Zufall*. Peter erläutert diese Begriffe jedoch nicht.
Unterhalb der Überschrift setzt er drei (Rechen-) Gesetze, was dem Aufbau des verwendeten Lehrbuchs entspricht. Allerdings schreibt Peter daneben, wozu diese dienen, und nicht etwa die Formeln, wie es eher dem Lehrbuch entsprochen hätte. Das *Baumdiagramm* ist ganz nahe an den Kasten mit den Gesetzen geschrieben, sodass hier wohl eine Verbindung von Peter gesehen wird, die er aber nicht explizit angibt.
Der rechts unterhalb von den Gesetzen liegende Block besteht aus zwei verbundenen Bereichen, nämlich den abzählbaren und überabzählbaren Ergebnisräumen und der Modellbildung über gewonnene Daten. Es ist unklar, ob Peter die Modellbildung nur auf den Fall der Abzählbarkeit beziehen will. Zum zweiten Bereich gehört auch noch die Überprüfung des Modells. Hier zeigen sich konzeptionelle Aspekte in Makro-Sicht.

5.2 Fallbeispiel Peter als Prototyp vernetzten Wissens

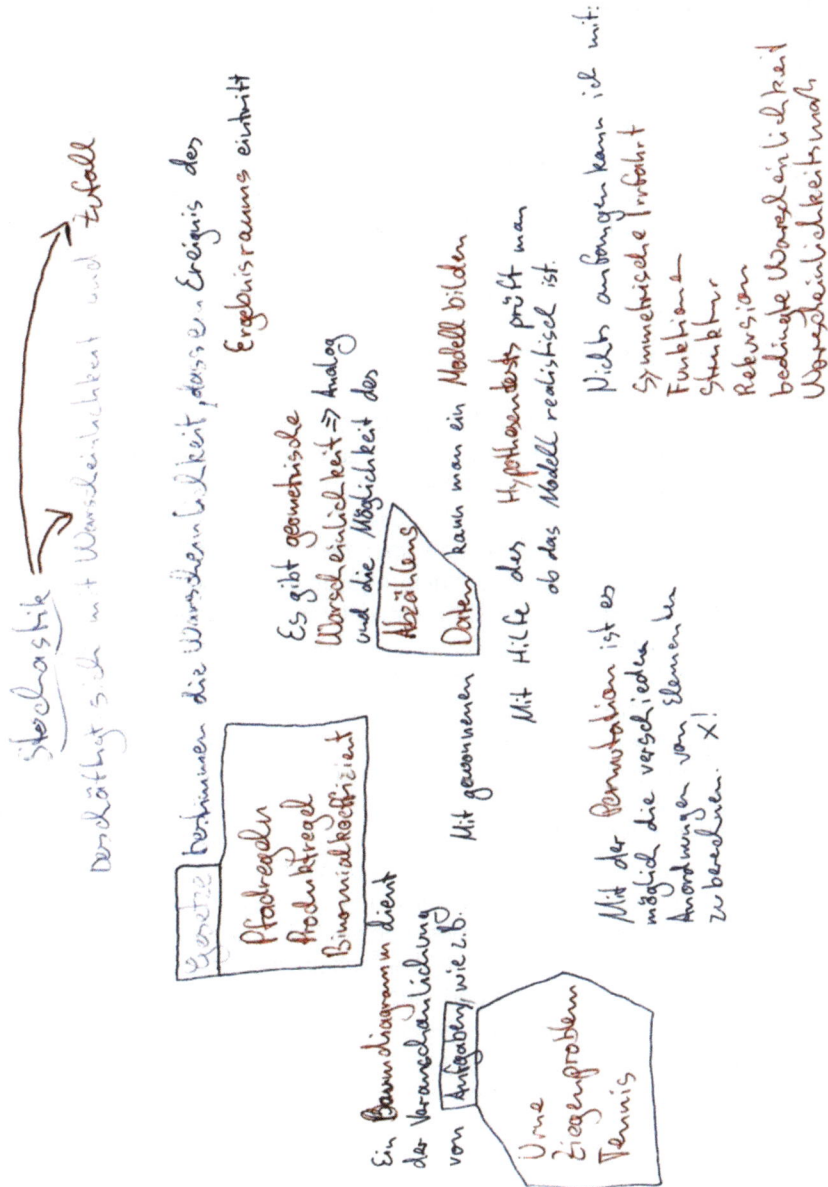

Abb. 5-17: Concept Map „Stochastik" von Peter, Quelle: eigene Darstellung

Die darunter stehende Beschreibung des Begriffs *Permutation* scheint unvernetzt zu sein, nach einer Erläuterung des Begriffs folgt die Berechnungsformel. Mit sechs Begriffen kann Peter „nichts anfangen". Die Concept Map lässt einen hohen Grad der Vernetzung vermuten, einige Teile der Concept Map sind aber ohne Rückfragen nicht begründet einzuordnen. Dass Peter fast ein Drittel der gegebenen Begriffe nicht zuordnen kann, wird ein wenig durch das Hinzufügen neuer Begriffe relativiert.

Interview zu Stochastik

Hier zeigt sich die Bedeutung des Interviews: es ermöglicht, den hohen Grad der Vernetzung von Peters Wissen zu rekonstruieren. Peter hat ja mit der schriftlichen Darstellung offensichtlich Probleme, die er in diesem Interview klar aufzeigt (siehe S. 113, Zeilen 192-200).

Peter erläutert die Concept Map über fast ein Drittel des Interviews hinweg (Zeilen 5 bis 103) ohne Nachfrage überwiegend auf hohem begrifflichem Niveau. Er nimmt in Abhängigkeit vom betrachteten Objekt und der im Unterricht behandelten Aspekte lokale und globale Perspektiven ein und zeigt dabei funktionales und konzeptionelles begriffliches Niveau, Reflexionen mit metakognitiven Aspekten und Metawissen bei der Einordnung von Begriffen, mit denen er *„nichts mehr anfangen konnte"*. In der Summe erreicht er damit in Ansätzen das höchste Niveau eines multidimensionalen Verständnisses.

Ungewöhnlich ist auch die Art der Concept Map, weil Peter hier weitgehend auf Verbindungspfeile verzichtet hat, Verbindungen aber teilweise beschreibt und teilweise aus der Anordnung der Begriffe herleitet.

Das folgende Zitat aus dem Interview bezieht sich auf den Teil der Concept Map, der mit „geometrischer Wahrscheinlichkeit" beginnt (rechts). Peter grenzt diesen Begriff ab gegenüber der auf Abzählen basierenden Wahrscheinlichkeit, es folgt eine (emotional gefärbte) Reflexion darüber, ein Aspekt von Hypothesentests auf eher konzeptionellem Niveau und Erläuterungen zum Begriff „Permutation" auf funktionalem Niveau, im letzten Satz mit konzeptionellen Aspekten:

> „Dann gibt es noch [ehm] geometrische Wahrscheinlichkeit, das ist halt, wenn man nicht eine bestimmte Anzahl von [äh] Ereignissen hat, sondern nur ne Prozentzahl wie wahrscheinlich es ist, meinetwegen zu 13,4 % tritt

5.2 Fallbeispiel Peter als Prototyp vernetzten Wissens

> dieses Ereignis ein. Das ist halt [äh] nicht zum Abzählen an den Fingern, sondern ja, halt analog.
> Jo, [ähm] dieses Abzählen an den Fingern sozusagen, das kann man gut mit gewonnenen Daten machen, da hatten wir einige Beispiele dazu und [ähm] joa [..] diese Daten, meinte Herr Euba, wären dann nicht immer zuverlässig. Ich fand es dann allerdings schwachsinnig, darüber zu diskutieren, ob diese Daten zuverlässig sind oder nicht. Man nimmt sie einfach als Grundlage und lässt dann das Diskutieren darüber sein, sonst kommt man irgendwo nicht weiter, finde ich.
> Naja, und damit kann man halt dann auch ein Modell bilden, mit diesen Daten. Und mit Hilfe des Hypothesentests kann man dann überprüfen, ob dieses Modell auch realistisch ist, also man kann dann z.B. ausrechen, wie hoch die Wahrscheinlichkeit ist, dass genau zufällig diese Daten da raus gekommen sind und nicht irgendwelche andern und [ähm] wenn dann ne bestimmte Abweichung ist, dann sieht man halt, dass es höchst wahrscheinlich ist, dass dieses Modell realistisch ist.
> Ja, dann hatten wir noch die Permutation, das ist, wenn man [...] eine bestimmte Anzahl Elemente hat, meinetwegen vier, dann kann man die in verschiedener Reihenfolge anordnen und die Permutation gibt nun die Anzahl der verschiedenen Anordnungsmöglichkeiten an und das ist Fakultät, diese Zahl, z. B. Fakultät 4 wär dann [?] 24, gibt es halt 24 verschiedene Möglichkeiten, die Elemente anzuordnen. Und wenn man jetzt irgendetwas ausrechnen möchte, wobei die Reihenfolge der Elemente unwesentlich ist, dann teilt man halt durch diese Permutation." (30ff)

Sechs Begriffe notiert Peter in seiner Map unter „Nichts anfangen kann ich mit" und erreicht daher hier nur nominales Begriffsverständnis, kann die Begriffe jedoch zwei Kategorien zuordnen:

> „Joa, und dann haben wir hier noch reichlich Begriffe, mit denen ich eigentlich nichts mehr anfangen konnte, oder die ich damit nicht in Verbindung bringen konnte, [äh] weil ich sie teilweise noch nie gehört hatte, oder weil sie mir in diesem Zusammenhang irgendwie suspekt erscheinen. Z.B. noch nie gehört habe ich, glaube ich, symmetrische Irrfahrt [äh] und Wahrscheinlichkeitsmaß. Vielleicht hab ich das auch schon mal gehört und nicht wahrgenommen, keine Ahnung. Dann: Bedingte Wahrscheinlichkeit sagt mir so auch nichts. Funktion, Struktur und Rekursion hatte ich schon häufiger gehört, ham wir auch in den vorigen Semestern viel behandelt, aber jetzt hier in dieser Wahrscheinlichkeit sagt mir das eigentlich relativ wenig." (89ff)

Eine der weiteren Fragen im Interview zielte auf die Meinung der Schülerinnen und Schüler zur Unterrichtseinheit „Computertomographie". Peter beginnt seine Antwort mit einer persönlichen Einschätzung und beschreibt dann kurz den Zweck von CT aus globaler Perspektive und quasi auf konzeptionellem Niveau. Dann kommt er auf das Rechnen mit Matrizen als eines der mathematischen Hilfsmittel zu sprechen (eher funktionales

Niveau bei lokaler Perspektive) und zeigt dabei auch metakognitive Überlegungen, wie bei der Antwort auf eine ergänzende Frage – gemischt mit Humor. Das Zitat zeigt damit exemplarisch, wie Peter Vernetzungen bildet:

> „Ja, also die Computertomographie fand ich ganz witzig, weil das ein relativ realistisches Modell war und weil man damit auch [äh] ja die Massen sozusagen im Hirn oder wo auch immer berechnen konnte, was mir vorher noch gar nicht so klar war, dass man das so machen konnte. Und insofern fand ich's recht interessant. Jo, darüber hinaus habe ich da mehr oder weniger das erste Mal anständig gelernt, mit Matrizen zu rechnen und das habe ich bis heute noch nicht wirklich so ganz begriffen, wie das geht, aber „damals" konnte ich das [L] naja, und das war schon ganz witzig, ich hatte da, glaube ich, sogar so'n Programm zu geschrieben, das das ganze berechnet hat und so. Das war schon ganz lustig."
>
> Interviewerin: „Gibt es irgendwas, was dir da nicht gefallen hat?"
>
> Peter: „[5] Ich weiß das jetzt gar nicht mehr so genau, es ist auch schon ziemlich lange her, dass wir das gemacht haben. [..] Also, was mir nicht gefallen hat, gab bestimmt einige Sachen, die mir nicht gefallen haben [Interviewerin lacht heftig], aber da fällt mir jetzt konkret nichts zu ein." (212ff)

Peter erreicht hohes begriffliches Niveau (Dimensionsausprägung: konzeptionell mit multidi-mensionalen Ansätzen) bei gemischter Perspektive (Dimensionsausprägung: Makro- und Mikro-Sicht etwa gleich oft), wobei dieser Wechsel der Perspektive in der langen Erläuterung zur Concept Map durchaus sinnvoll ist.

Die Dimensionsausprägung funktional zeigt sich fast ausnahmslos ebenfalls in der Erläuterung und ist bei der Zusammenstellung der Begriffe auch notwendig. Da Peter jeweils ein größeres Umfeld betrachtet, ist

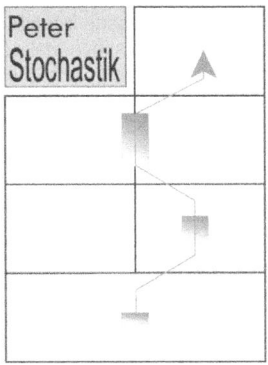

Abb. 5-18: Auswertungs-Boxplot „Stochastik" zu Peter, Quelle: eigene Darstellung

5.2 Fallbeispiel Peter als Prototyp vernetzten Wissens

die Perspektive global. Bei einer kurzen Antwort auf eine Nachfrage ist die Perspektive entsprechend lokal.

Wenn Peter den „Papierkorb" seiner Concept Map erläutert und einige begriffliche Lücken offenbart, tritt einmal die Dimensionsausprägung nominal auf.

Peter zeigt wieder an vielen Stellen des Interviews metakognitive Aspekte.

Insgesamt rechtfertigen es diese Indikatoren für den Themenbereich Stochastik, Peter einen hohen Grad der Vernetzung zu bestätigen.

5.2.4 Typeinordnung

Nachfolgende Übersicht der Plots zur Auswertung der Interviews zeigt, dass in allen drei Interviews ein hohes begriffliches Niveau auftritt, das gelegentlich die höchste Dimensionsausprägung „multidimensional" erreicht.

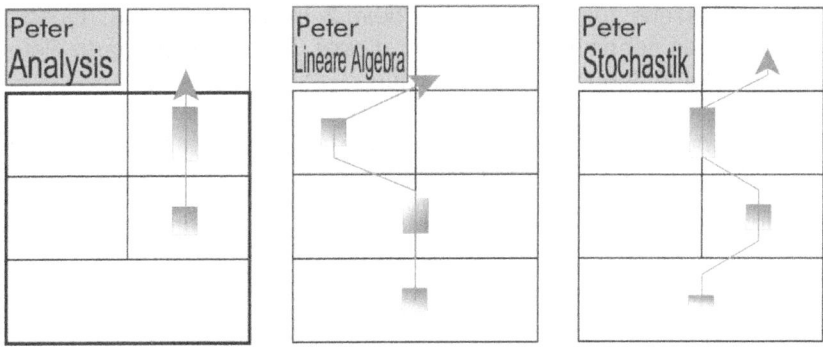

Abb. 5-19: Zusammenschau der Auswertungs-Boxplots zu Peter,
Quelle: eigene Darstellung

- Im ersten Interview erreicht Peter beim begrifflichen Niveau überwiegend die Dimensionsausprägung konzeptionell, gelegentlich sind multidimensionale Anteile rekonstruierbar. Er nimmt dabei überwiegend eine globale Perspektive (Dimensionsausprägung: Makro-Sicht).
- Im zweiten Interview mit dem Thema „Lineare Algebra" ist in der Summe das begriffliche Niveau geringer und die Perspektive enger.

Es sind aber nach wie vor metakognitive Aspekte rekonstruierbar. So wird für ihn die Sinnfrage nicht geklärt, der „Nutzen" der Inhalte bleibt für ihn im Dunkeln (Zitat, S.). Dies führt z.B. auch zum Auftreten der niedrigsten Dimensionsausprägung nominal beim begrifflichen Niveau.
Peter möchte wissen, warum (oder wozu) ein Begriff eingeführt und damit gearbeitet wird. Die Sinnfrage als Basis des Wissens kann auch als Indikator dafür gewertet werden, dass Peter zumindest auf dem Weg zu einem hohen Grad der Vernetzung seines Wissens ist.
- Das dritte Interview („Stochastik") zeigt ein zum „Analysis"-Interview vergleichbares Bild. Die eher gemischte Perspektive resultiert besonders aus der langen Erläuterung der Concept Map und ist dort den Begriffen angemessen. In diesen Erläuterungen sind multidimensionale Aspekte des begrifflichen Niveaus rekonstruierbar. An verschiedenen Stellen des Interviews sind metakognitive Bestandteile erkennbar.

Alle drei Interviews weisen Indikatoren für einen hohen Grad der Vernetzung des Wissens auf, mit Abstrichen beim 2. Interview (Thema: „Lineare Algebra"). Das sehr abstrakte Niveau dieses Themas erschwerte Peter zusätzlich den Aufbau von Vernetzungen.

Bei den Concept Maps zeigt sich eine Entwicklung in der Anzahl der Begriffe und in der Variation der Darstellungsform.

Concept Map 1   Concept Map 2   Concept Map 3

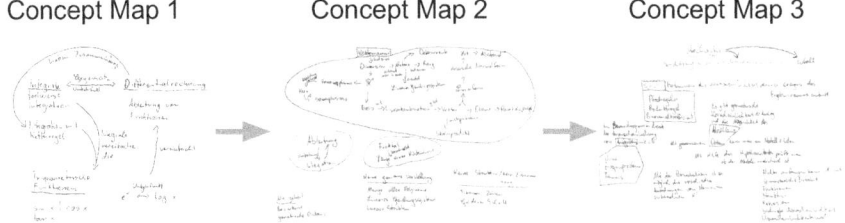

Abb. 5-20: Zusammenschau der Concept Maps von Peter, Quelle: eigene Darstellung

Die erste Concept Map (freie Wahl der Begriffe) enthält sehr wenige Begriffe, bei den beiden folgenden waren die Begriffe zwar vorgegeben, aber Peter fügte noch jeweils einige hinzu.

5.2 Fallbeispiel Peter als Prototyp vernetzten Wissens

Weiter ist zu berücksichtigen, dass Peter Probleme mit der Erstellung der Concept Maps hat. Ähnlich zum ersten Interview (S. 94 und S. 95f) sagt Peter im dritten:

> Was heißt „mir eingefallen ist"? Meistens setz ich mich da mal so ran, fang an, male munter und eigentlich habe ich das alles, was ich da aufmale, auch schon vorher im Kopf irgendwie verbunden. Es ist nicht so, dass mir dann irgendwelche Leuchten aufgehen: Oh, das gibt's ja da, oh, das ist ja toll. Das ist eigentlich mehr so Nervkram das noch mal aufzuschreiben, weil man doch irgendwas, was man im Kopf so hat, schlecht darstellen kann." (192ff)

Das könnte ein Grund für die Variation der Darstellungsform sein.

Im Gegensatz zu Christine macht Peter das Konzeptionelle nicht nur innermathematisch fest, sondern auch in der außermathematischen Anwendung, er ist weniger interessiert an Details und mehr an großen strukturellen Linien. Er hat gelegentlich Probleme mit dem Funktionalen, was auch für Christine zutrifft. Deutlich wird bei beiden die persönliche Auseinandersetzung mit Mathematik und entsprechender Sinnzuweisung auf weitgehend hohem Niveau.

So wird auch Peter als Prototyp für „vernetztes Wissen" eingestuft:

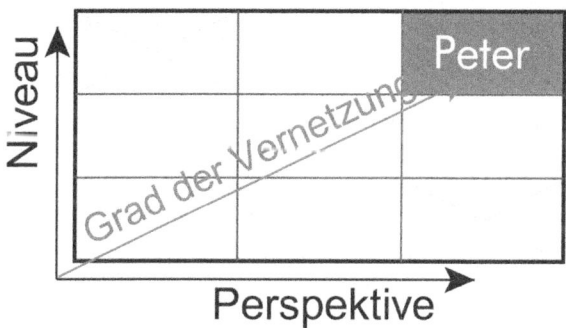

Perspektive auf das Wissen: überwiegend Makro
Begriffliches Niveau: hoch

Abb. 5-21: Peter als Prototyp für vernetztes Wissen, Quelle: eigene Darstellung

5.2.5 Überprüfung

Das hohe Niveau der Interviews erreicht Peter in den schriftlichen Arbeiten nur teilweise. Im Gegensatz zu Detailkenntnissen ist Peters Interesse an großen strukturellen Linien kaum wichtig bei der Lösung der gestellten Aufgaben. In der ersten Klausur zum Thema „Lineare Algebra" weisen die Lösungen der beiden Teilaufgaben hohes begriffliches Niveau auf, das in Teilaufgabe b) die höchste Dimensionsausprägung multidimensional erreicht:

5 a) Erläutern Sie die VEKTORRAUM-Struktur. Welche Bedeutungen kommen dabei der BASIS zu?
„Eine Vektorraum-Struktur ist ein n-dimensionaler Raum. Die Basis ist dabei der Ausgangspunkt für diesen Raum. Sie bestimmt auch, wie viele Dimensionen der Raum hat. Nur eine einzige Linearkombination trifft einen Punkt. Es darf durch Linearkombination einiger Basisvektoren nicht möglich sein, auf mehrere Weisen denselben Punkt zu treffen. Dieser Punkt muss eindeutig sein, man muss von ihm auf die Skalare schließen können. Diese Eigenschaft bezeichnet man als linear unabhängig und ist Voraussetzung bzw. Bestandteil einer Basis."

b) Geben Sie zwei Beispiele für Vektorräume an; eines der Beispiele muss aus der Analysis stammen. Beschreiben Sie jeweils konkret am Beispiel die Bedeutung der Basis.
„Ein einfaches Beispiel ist das normale Koordinatensystem, das wir ständig benutzen. Es hat die Basis $\{(1|0), (0|1)\}$. Mit dieser Basis lässt sich das Koordinatensystem in 4 Teile teilen

→ $\begin{array}{c|c} 2 & 1 \\ \hline 3 & 4 \end{array}$ und jeder Punkt lässt sich bestimmen.

Ein weiteres Modell wäre Chemie, in dem man bestimmte Stoffe (z.B. Wasser (H_2O)) als Basis sehen kann. Linearkombination dieser Basen (z.B. H_2O, $KMnO_3$ (Kaliumpermanganat)) ergeben dann weitere Stoffe bzw. Gemische, die man entweder weiter reagieren lassen kann, oder für die man schon eine Verwendung hat."

Dies war die erste Klausur zum Thema „Lineare Algebra", die daher auf den bis dahin behandelten Inhalten basierte, denen Peter offenbar noch Sinn zuweisen konnte (vergl. mit Kritik im zweiten Interview, S. 104). Die folgende Klausur und den folgenden Test bearbeitete Peter nur teilweise und erreichte so jeweils kein ausreichendes Ergebnis, was aber die Ausnahme darstellte. In den beiden letzten Klausuren, die starke Realitätsbezüge aufwiesen, erreichte Peter wieder sehr gute Ergebnisse, die speziellen Vernetzungsfragen sind eher auf funktionalem Niveau bei lokaler Perspektive angesiedelt.

Im Fragebogen nahm Peter zumeist eine globale Perspektive ein, bei konzeptionellem Niveau.

Die Ergebnisse der Tests und Klausuren entsprechen nicht ganz der Typeinordnung. Allerdings lassen viele der auf die Vernetzungen abzielenden Fragen möglicherweise zu wenig Raum für Peters individuelle Auseinandersetzung mit den Inhalten. Zudem fällt es ihm schwer, seine Vernetzungen darzustellen (vergl. S. 112f, was sich ja nicht nur auf Concept Maps bezieht).

5.3 Fallbeispiel Thomas als Prototyp unvernetzten Wissens

Bei Thomas handelt es sich um einen Lernenden, der ein geringes Vernetzungsniveau bei seinem Wissens aufweist. Dies wird mit den Indikatoren „niedriges begriffliches Niveau" sowie „lokale Perspektive auf das Wissen" (Dimensionsausprägung: meist Mikro-Sicht) rekonstruiert und im Detail dargestellt.

5.3.1 Analysis

Beschreibung der Analysis Concept Map

Thomas verwendet in der Concept Map (Abb. 5-22) 44 Begriffe und fast jeder dieser Begriffe hat einen eigenen, phantasievoll gestalteten Rahmen um sich. Die Concept Map kann in vier Bereiche gegliedert werden, die jedoch nicht durch eigene Rahmen gekennzeichnet sind, sondern durch miteinander verbundene Begriffe: links oben der Begriff *Funktionen*, rechts oben der Begriff *Integralrechnung*, zentral sind die vier Ableitungsregeln notiert und darunter leicht links davon der Begriff *Differentialrechnung*.

Im Bereich *Funktionen* zählt Thomas die behandelten Funktionsklassen auf. Dabei fällt auf, dass er die lineare Funktion mit *einfache Funktion* bezeichnet und dass Polynome und Logarithmusfunktion allenfalls indirekt auftauchen (*rationale Funktionen, Umkehrfunktion*). Er erwähnt einige Eigenschaften: direkt auf den Begriff *Funktionen* weisen die beiden Begriffe Differenzierbarkeit und Stetigkeit – ohne ausgewiesene Beziehung. An den Begriff *trigonometrische Funktionen* angehängt sind die Begriffe *Monotonie* und *periodisch*. Zwischen *Exponentialfunktion* und *rationale Funktionen* schiebt sich der Begriff *Ableitung*, an den Thomas die *Umkehrfunktion* angehängt hat. Die Begriffe *Ableitung* und *Differenzierbarkeit* weisen keine Verbindung auf und sind auch räumlich getrennt. Vom Begriff *Funktionen* zum Begriff *quadratische Funktion* spannt sich eine gekrümmte Linie, sodass eine abgeschlossene Fläche entsteht, in die Thomas *Konstante* geschrieben hat.

Aus dem Begriff *Funktionen* weist ein langgezogener Bereich nach rechts, in dem *Mittelwertsatz* steht und anschließend *Binom.-Lehrsatz*. Dieser Bereich endet ohne direkte Verbindung nahe an einem Pfeil, der von *quadratischer Ergänzung* zum *Satz von Pythagoras* zeigt und mit *um auf eine Binomische Formel zu kommen* beschriftet ist. Der Begriff *Satz von Pythagoras* endet kurz vor *Induktion*, die auf einen kleinen Bereich um *Reihen* weist, der am Rand die Begriffe *Folgen, Satz von Taylor, unendlich* und *konvergent* aufweist. Die beiden zuletzt genannten Bereiche sind nicht explizit mit anderen verbunden.

Rechts oben sind einige Begriffe zur *Integralrechnung* aufgeführt. Dieser Bereich ist durch eine lange Linie mit dem Begriff *Differentialrechnung* verbunden; diese Linie ist mit *Flächenberechnung* beschriftet. An beiden Enden der Linie hat Thomas den Begriff *Stammfunktion* eingefügt.

Der Begriff der *Differentialrechnung* ist von *Optimieren* und drei weiteren Begriffen umgeben, die Aspekte des *Optimierens* betreffen.

Im Zentrum der Cocept Map stehen vier Begriffe, deren Rahmen ineinander übergehen: *Summenregel, Produktregel, Kettenregel, Quotientenregel*. Ein Hinweis auf die Bedeutung dieser Bergriffe ist nicht erkennbar.

Interpretation der Analysis Concept Map

Thomas hat nur einige der wenigen Verbindungslinien beschriftet, die Rahmen stoßen offenbar im Falle einer Verbindung direkt aneinander. Das erschwert die Deutung der Concept Map.

5.3 Fallbeispiel Thomas als Prototyp unvernetzten Wissens

Von zentraler Bedeutung scheinen für Thomas die vier Ableitungsregeln zu sein, die im Zentrum der Concept Map stehen. Sie weisen keine weiteren Verbindungen auf, sind aber von allen anderen Begriffen umgeben. Das deutet auf funktionales begriffliches Niveau und eine Perspektive in Mikro-Sicht, da ein vielleicht gemeintes „werden überall gebraucht" zu vage bleibt und ja auch nicht für alle übrigen Begriffe zutrifft.

Besonders viele Begriffe hat Thomas um die *Funktionen* geschart, doch bei einigen der Begriffe am Rand zeigen sich Schwächen, die auf ein eher nominales begriffliches Niveau schließen lassen: *Stetigkeit* und *Differenzierbarkeit* sind benachbart und weisen beide auf den Begriff *Funktionen*, doch die Bedeutung der Begriffe hinsichtlich der *Funktionen* bzw. deren Beziehung untereinander erwähnt Thomas nicht. Des Weiteren steht der Begriff *Ableitung* etwas entfernt davon ohne direkte Beziehung zur *Differenzierbarkeit*. Dass *Ableitung* Nachfolger von *Umkehrfunktion* ist, scheint obige Deutung zu unterstützen. Zudem gibt es in der rechten Hälfte der Concept Map, wie oben beschrieben, einige Stellen, bei denen keine explizite Verbindung eingezeichnet ist, der entsprechende Rahmen endet jedoch kurz vor einem anderen Objekt.

Konzeptionelle Aspekte des Begriffsverständnisses zeigen sich bei *Differentialrechnung*, an die sich direkt *Optimierung* anschließt, und der bei der *Differential-* und *Integralrechnung* jeweils enthaltene Begriff *Stammfunktion* als Element der Verbindung. Der über die Verbindungslinie geschriebene Begriff *Flächenberechnung* ist dagegen ohne Erklärung kaum zu deuten, zumal die Verbindungslinie keine Richtungshinweise besitzt.

Interview zu Analysis

Bei der Erläuterung der Concept Map im ersten Teil des Interviews zeigt Thomas zunächst nur Begriffsverständnis auf niedrigstem Niveau (Dimensionsausprägung: nominal) bei seinen Ausführungen auf die Bitte der Interviewerin „dass du einfach zu deiner Concept Map mir was erzählst" (8ff):

> Thomas: „Also jetzt, was mir am wichtigsten war dabei?"
> Interviewerin: [mhm]
> Thomas: „Also, ich weiß nicht, ich hab mir jetzt keine großen Gedanken da drüber gemacht, was mir am wichtigsten wär. Ich hab nachgeschaut, was wir alles hatten und versucht, das dann halt alles zusammenzubringen, was zusammen gehört. Und ich mein, also am meisten habe ich halt bei den

Abb. 5-22: Concept Map „Analysis" von Thomas, Quelle: eigene Darstellung

5.3 Fallbeispiel Thomas als Prototyp unvernetzten Wissens 119

Funktionen gefunden, und da hab ich halt den Hauptpunkt auch gesetzt. Und das würde ich sagen, wenn, dass das das Wichtigste wär. Weil es [?] eigentlich auch das größte Thema ist, denke ich mir."

Bei der Antwort auf die Frage der Interviewerin nach dem Zusammenhang zwischen den Funktionen und der Differentialrechnung lässt sich bestenfalls nominales Niveau des Begriffsverständnisses rekonstruieren, das aber an der Stelle mit der Produktregel Ansätze zu konzeptionellem Niveau erkennen lässt:

> Thomas: „Ja also weiß ich auch nicht so ganz genau, also aus dem Kopf wüsste ich das auch nicht, wie ich das jetzt machen würde. Aber ich denk mal, das hat ja alles was mit Funktion zu tun und, na ja [L] also konkret kann ich nichts dazu sagen jetzt."
>
> Interviewerin: „Hier hast du jetzt z.B. so ne kleine Brücke gebaut, von den Funktionen so'n bisschen in Richtung Integralrechnung. Wie hast du das gemeint?"
>
> Thomas: „Ja also, dass der Mittelwertsatz halt auch eine Funktion darstellt und dass man damit auch [] also der binomische Lehrsatz hängt damit auch zusammen, aber jetzt bis zur Integralrechnung weiß ich nicht, das sollte eigentlich [] ich weiß nicht, ob ich das alles so genau darstellen wollte, dass die alle verbunden sind. [?] auch nicht direkt. Am Ende [äh] ich hatte das fertig und dann hat er uns halt gesagt, wir sollen noch die Beziehungen aufschreiben. Also die hatte ich davor gar nicht stehen die [] was ich hatte auch nur paar [..] und ich weiß nicht [hm] [5] also ab und zu mal bisschen was, aber da, wo ich das dann auch direkt weiß, so wie das z.B. hier die Produktregel ist, die auf der partiellen Integration basiert, oder die partielle Integration auf der Produktregel so rum. Und dass man die halt mit der Flächenberechnung beide zusammenhängen, dass man da drauf dann gekommen ist, stand in dem historischen Überblick." (32ff)

Beim Ableitungs- und Integralbegriff kann Thomas Berechnungsformeln richtig angeben und auch eine Grundvorstellung fürs Integral andeuten (im Zitat kursiv gesetzt), wobei die Perspektive dabei eher lokal ist (Mikro-Sicht). Ganz selten lassen sich konzeptionelle Aspekte rekonstruieren. So sagt Thomas zum Integral über die Funktion f mit $f(x) = x^2$, nachdem er

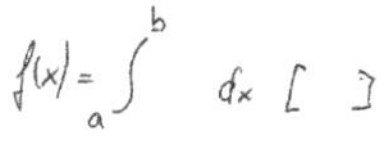

$$f(x) = \int_a^b d_x [\quad]$$ aufgeschrieben hat:

Abb. 5-23: Darstellung des Integrals von Thomas in Interview, Quelle: eigene Darstellung

> „Kommt die Formel und hinter kommt dann noch dx. Und wenn man dann die Stammfunktion macht, dann wird die in Klammern gesetzt, das ist dann,

> dass man [ähm] also praktisch wär' das *die Ableitung von der Stammfunktion*, was da dann steht, die Formel, dass wir das dann einen höher setzen müssten und so ausrechnen müssten, was vor dem x dann stehen würde, aber mit dem höheren Exponenten. Also hier wär das dann ja mit 1/3 x hoch 3 dann. Ja dann kommt, wenn, dann würde ich hier auch noch [...] würden die stehen noch, a und b. Dann würden wir die einsetzen, ah nee nicht a und b, wie war das? [..] [äh] Ach doch, von hier bis da, würden wir einsetzen und dann würd' das am Ende noch abgezogen werden, das Zweite von dem Ersten." (209ff)

Etwas früher im Interview, als Thomas andeutungsweise die Riemannsche Integraldefinition erläutert hat, verlangt die Interviewerin eine Präzisierung anhand einer von ihr ad hoc erstellten Skizze. Thomas vermengt

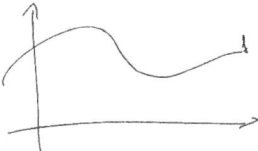

Abb. 5-24: Visualisierung der Integraldefinition von Thomas im Interview,
Quelle: eigene Darstellung

in seinen Ausführungen die Hinführung mit Sätzen und Formeln, was auf fehlendes Metawissen hinweist. Damit wird auch deutlich, dass Thomas *nicht* auf dem Wege zu einem tieferen Begriffsverständnis ist:

> „Ja, man müsste das ja alles in Teilabschnitte unterteilen und dann naja, das ist das mit der Welle, [?] ich weiß nicht, ob das jetzt, ob man das dann insgesamt in einen Integral schreiben kann, oder ob man das auch in mehrere unterteilen kann. Das weiß ich jetzt nicht genau. Also ich weiß es nicht. Wenn ich jetzt [] ob man hier irgend nen Abschnitt machen müsste, oder nicht. Weil das ja nicht alles die gleiche Höhe hat. Also aber auf jeden Fall würde ich alles unterteilen in 1000 Abschnitte vielleicht, oder so und dann mit der Integralrechnung ausrechnen, mit der Formel dann. Dann die Stammfunktion bilden und dadurch wird man ja darauf kommen dann. Das von dem abziehen, a von b da [äh] b von a, so rum." (166ff)

An manchen Stellen enthalten Thomas' Äußerungen metakognitive Aspekte, die aber eher konsequenzenlos bleiben:

> „Also, wie war [] also ich weiß es auch nicht ganz genau mehr im Kopf. Also das hab ich damals auch schon [] also das ist jetzt ein paar Wochen her und da hab ich mir das alles noch mal durchgelesen gehabt und das ist jetzt schon wieder ein bisschen weg." (69ff)

5.3 Fallbeispiel Thomas als Prototyp unvernetzten Wissens

oder

> „Aber also, das ist schon ein bisschen verloren gegangen wieder. Müsste ich wenn nachholen wieder und [hm][L]" (242ff)

aber auch

> „Ja, jetzt habe ich ja gar keine Zahlen, also das ist bei mir meistens so, dass ich Schwierigkeiten hab, wenn ich keine Zahlen hab, dann, wenn das so verallgemeinert ist, dann dauert das ein bisschen, bis ich drauf komm'. Also wenn ich dann einen Hinweis drauf hab, dann versteh ich das auch relativ schnell, aber es ist immer schwer, gleich rauf zu kommen für mich. Deswegen. Also ich wüsste jetzt nicht die [ähm] [L] Formel dafür, könnte ich echt nicht sagen." (185ff)

Er bringt damit die Interviewerin in Schwierigkeiten bei der Formulierung einer Anschlussfrage.

Gegen Ende des Interviews erläutert Thomas seine Vorstellung vom Erwerb von Verständnis und kritisiert an dieser Stelle den Unterricht:

> „Ich finde, wenn wir das alles richtig verstehen sollten, dann hätte er auch nach jeder, nach jeder Aufg [] ach nicht nach jeder Aufgabe, nach jedem Gebiet vielleicht noch paar praktische Aufgaben an der Tafel mit uns zusammen rechnen müssen. So was wird dann ja auch verständlicher für uns, wenn wir das alles sehen, direkt an der Tafel mit ihm dabei und nicht selber alles herausfinden müssen mit seinen Lösungsaufgaben auch [äh] Lösungsvorschlägen, die hinten mit drin sind." (269ff)

Auffällig ist, dass Thomas den Plural verwendet. Einer der Gründe dafür ist möglicherweise die Übereinstimmung in diesem Punkt mit seinem Sitz-Nachbarn, der ähnliche Kritik äußert. Das Zitat spiegelt aber auch die Sozialisierung von Thomas durch den vorhergehenden Mathematik-Unterricht wieder.

Beim Interview wurde weitgehend niedriges Niveau des Begriffsverständnisses rekonstruiert, wobei die Dimension funktional nur leicht überwiegt gegenüber der Dimension nominal. Die Dimension konzeptionell wurde für den Themenbereich „Analysis" ausgeschlossen (s.o. 166ff).

Die Perspektive ist – von einer Ausnahme abgesehen – lokal. Die Analyse der Concept Map weicht davon kaum ab.

Aus diesen Indikatoren folgt, dass Thomas für den Themenbereich Analysis eine niedrige Vernetzung des Wissens aufweist.

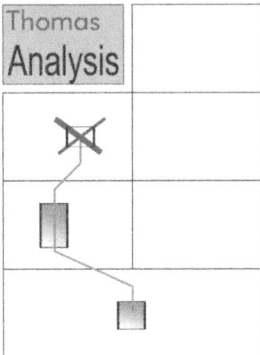

Abb. 5-25: Auswertungs-Boxplot „Analysis" zu Thomas, Quelle: eigene Darstellung

5.3.2 Lineare Algebra

Beschreibung der Lineare Algebra Concept Map

Es lässt sich auch in diesem Themenbereich bei Thomas ein niedriger Grad der Vernetzung seines Wissens rekonstruieren, denn die Perspektive auf das Wissen ist zumeist lokal (Dimensionsausprägung: überwiegend Mikro-Sicht), das begriffliche Niveau niedrig, da die Dimensionsausprägungen nominal und funktional etwa gleich oft auftreten.

Von den 30 vorgegebenen Begriffen verwendet Thomas 29 in der Concept Map.

Nicht verwendet:	Länge einer Küstenlinie
Hinzugefügt:	abhängig • aufspannen • bijektiv • geometrische Körper • n-Tupel • normieren (Länge = 1) • Nullvektor • Stammfunktion • unabhängig • Vektor

Tabelle 5-5: Begriffe in Thomas' Concept Map „Lineare Algebra",
Quelle: eigene Darstellung

Die Concept Map (Abb. 5-26) ist in vier Bereiche gegliedert: der kleinste Bereich unten rechts ist offenbar für die Begriffe bestimmt, die Thomas

5.3 Fallbeispiel Thomas als Prototyp unvernetzten Wissens

nicht zuordnen konnte, denn er ist mit einem großen Fragezeichen hinterlegt. Er enthält die Begriffe *Bezierkurve*, *Fraktal* und *Parabolspiegel*. Rechts oben stehen die *Fibonacci-Zahlen*, mit denen *goldener Schnitt* und *genetische Distanz* verbunden sind. *Population* wölbt sich darüber, ist aber mit keinem der genannten Begriffe verbunden. Darunter befindet sich ein weiterer kleiner Bereich, der sich um die *Ebene* gebildet hat. Er enthält quasi die „sichtbaren" der gegebenen Begriffe.

Den ganzen restlichen Platz nimmt ein Bereich ein, in dem der Begriff *Vektorraum* für Thomas zentral zu sein scheint, an den sich die *Menge aller Polynome* und IR^n anschließen. Verbunden über *Lineare Struktur* scharen sich links unterhalb von *Vektorraum* etliche Begriffe um *Homomorphismus* herum. Zu denen gehören neben *Isomorphismus*, *Ableitung* und weiteren Begriffen auch *Linearform*. Von dort geht ein weiter Bogen nach rechts zu *Determinante*, Bestandteil einiger Begriffe um *Matrix* herum, rechts unterhalb von *Vektorraum*. Dazu gehören u.a. *Dimension* und *Basis*.

Zwischen diesen beiden Clustern steht *Skalarprodukt* als einzelne Abzweigung von *Vektorraum*. Darunter steht der Begriff *Linearkombination* mit der Überschrift *Skalar • Vektor*, der mit keinem der übrigen Begriffe verbunden ist, aber dem darunter stehenden *Linearen Gleichungssystem* sehr nahe kommt.

Interpretation der Lineare Algebra Concept Map

Thomas ist sich treu geblieben und hat auch in dieser Map allen Begriffen einen Rahmen gegeben. Allerdings hat er viel mehr Verbindungslinien eingezeichnet, von denen ein großer Teil auch beschriftet ist.

Auffällig ist der zweite Bereich von oben, rechts, in dem Thomas die eher anschaulichen vorgegebenen Begriffe eingeordnet hat und einen solchen noch hinzufügte, nämlich *geom. Körper*. Das könnte, wie die Gestaltung der Rahmen in der Concept Map, auf einen visuellen Typ hinweisen. Unklar ist hier die Bedeutung der Aufschrift für die Verbindungslinie zwischen *Lot* und *Hessesche Normalenform*. Thomas hat $\frac{1}{x} - \sqrt{x}$ auf die Linie geschrieben, unter der *normieren* steht. Unklar ist auch, warum in dem Dreieck aus den Begriffen *Abstand*, *geom. Körper* und *Lot* der Begriff *Ebene* steht. Vielleicht als Vertreter der *geometrischen Körper*, der speziell für die *Hessesche Normalenform* gebraucht wird.

Der kleine Bereich oben rechts enthält ebenso wie der „Fragezeichen-Bereich" Begriffe aus Aufgaben, die Thomas nicht geeignet einfügen konnte. Allerdings sind hier Beziehungen zwischen den Begriffen angedeutet.

Die Anordnung im zentralen Bereich erscheint auf den ersten Blick gelungen, rechts mit *Matrix* und *Basis*, und links um den *Homomorphismus*, der in beide Richtungen mit dem *Vektorraum* verbunden ist über *Lineare Struktur*, die jedoch in der darüber stehenden Beschriftung auf *Vektor + Vektor* reduziert wird. *Ableitung* und *Integral* hat Thomas zutreffend am *Homomorphismus* festgemacht, doch *Kern* und *Isomorphismus* weisen in entgegengesetzte Richtungen, haben also für Thomas nur indirekt eine Beziehung über den *Homomorphismus*. Der zentrale Begriff *Linearform* steht am Ende des linken Bereichs und weist direkte Verbindungen nur zu *Homomorphismus* und *Determinante* auf, obwohl etwa *Skalarprodukt* ganz in der Nähe steht und nur eine Verbindung zu *Vektorraum* hat.

Im rechten Bereich fallen die von Thomas selbst hinzugefügten Begriffe *abhängig* und *unabhängig* auf, scheinbar als Attribut der *Basis*.

Für Thomas ist ein *Lineares Gleichungssystem* offenbar dasselbe wie eine *Matrix*, nur *anders ausgedrückt*. Dass ihm die *Matrix* den *Vektorraum anschaulich* macht (und/oder umgekehrt), deutet wieder darauf hin, dass Thomas ein visueller Typ ist. Was jedoch genau das Anschaulich-Machen bei Thomas hervorruft, ist nicht rekonstruierbar, zumal die Verbindungslinie zwischen *Matrix* und *Basis* unbeschriftet ist.

Insgesamt scheint Thomas sich an manchen Stellen der Concept Map auf konzeptionelles Niveau hin zu bewegen. Andererseits bleibt vieles im Unklaren, wie z.B. die Bedeutung der an *Basis* angefügten Begriffe *abhängig* und *unabhängig*. Weiter basieren Teile der Concept Map auf einem Plakat im Kursraum zu „Lineare Struktur"[11], worauf Thomas im Interview hinweist.

Interview zu Linearer Algebra

Im ersten Teil des Interviews wird Thomas um eine Erläuterung der Verbindung vom Homomorphismus zur Ableitung gebeten:

> „Ja, also wir ham, so hat das Herr Euba auch definiert, also Homomorphismus ist eigentlich ne Ableitung, weil das vom Prinzip her fast das Gleiche ist, nur vielleicht anders dargestellt. Und deswegen hab ich das halt, gleich vom Homomorphismus abgeht die Ableitung hingeschrieben."

---
11 Das Plakat ist leider nicht erhalten geblieben.

5.3 Fallbeispiel Thomas als Prototyp unvernetzten Wissens

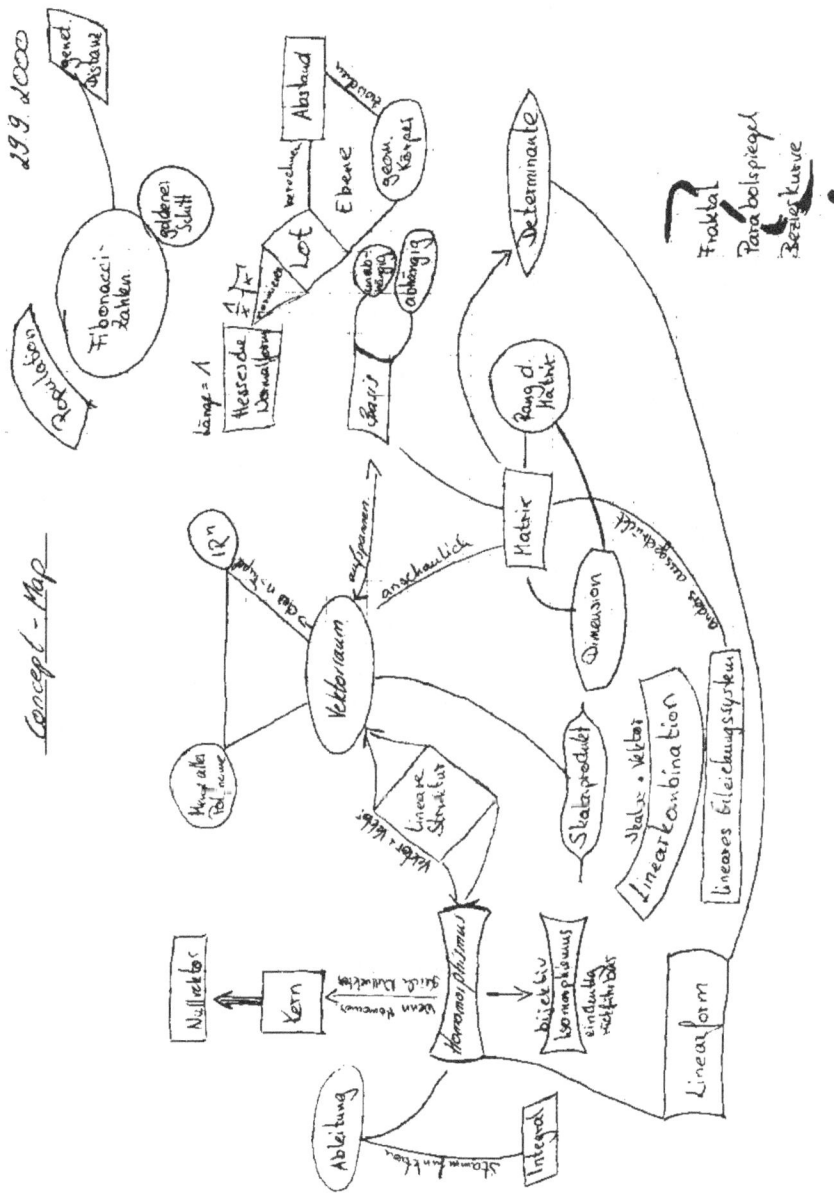

Abb. 5-26: Concept Map „Lineare Algebra" von Thomas, Quelle: eigene Darstellung

5. Eigene Ergebnisse

> Interviewerin: „[mhm] [4] Und, ja, und jetzt nach unten hin weiter. Isomorphismus, Linearform?"
>
> Thomas: „[hm] Ja, das ist auch, ich denk mal wegen der linearen Struktur [äh] nee. Wie war das? [äh] Linearität und da gibt es dann ja auch unabhängig und abhängig dann neben Basisvektoren und so was. Deswegen habe ich gedacht, dass es damit zusammenhängen könnte. Ich war mir nicht hundertprozentig sicher, als wir das gemacht haben. Und wir hatten auch hinter uns so n Plakat von Herrn Euba hängen, da war es halt auch mit Vektorräumen und lineare Struktur und all so was war da aufgeführt. Und deswegen dachte ich, das kann ja zusammenpassen, vielleicht [L]."
>
> Interviewerin: „Und Linearform und Determinante?"
>
> Thomas: „[..] [äh] Ja, das weiß ich auch nicht mehr [L]." (95ff)

Die Begründung für die Verbindung von *Homomorphismus* und *Ableitung* trifft allenfalls in Ansätzen zu, dann folgen vage Ausführungen, die in geringem Maße zutreffende Teile enthalten. Das Niveau des Begriffsverständnisses von Thomas ist hier niedrig (Dimensionsausprägung: weitgehend nominal).

Die Erläuterungen zu Beginn des folgenden Beispiels enthalten Aspekte konzeptionellen Begriffsverständnisses. Die dann folgenden Ausführungen zur Basis zeigen grobe Fehler im Begriffsverständnis, die Perspektive ist lokal, was aber z.T. auch der Fragestellung entspricht.

> Interviewerin: „Thomas [LL]. Ja, erklär einmal, also wieso du, wieso du diese Begriffe auch also so wichtig empfunden hast, dass du sie da noch zusätzlich mit rein genommen hast."
>
> Thomas: „Den geometrischen Körper hab ich bei den Lotanwendungen gehabt, weil mit den Lotanwendungen kann man die Abstände zwischen Punkten und Körpern berechnen, z.B. deswegen. Und Körper kam nicht vor. Und deswegen dachte ich mir, das würd dazu passen, weil das ja mit den Lotanwendungen zu tun hat, weil man halt, damit die Abstände berechnen kann. [hm] Ja, weiß nicht [L] eigentlich. Ja, und abhängig und unabhängig hab ich mir gedacht, weil wir Basis [] von Basis sprechen und Vektorräumen. Und da kommt ja nun mal vor, dass die unabhängig oder abhängig sind voneinander, die Basisvektoren. Und deswegen hab ich mir auch gedacht, dass das dazu passen würde, weil das nicht bei Herrn Euba mit aufgeführt war."
>
> Interviewerin: „[mhm]"
>
> Thomas: „[..] Und weil das ja auch ziemlich wichtig ist, unabhängig und abhängig, ja, denk ich mir mal."
>
> Interviewerin: „[mhm] Wofür wichtig?"
>
> Thomas: „Ja, z.B. es ist ja oft die Frage: „beweisen Sie, oder zeigen Sie, ob die Vektoren unabhängig oder abhängig voneinander sind", und deswegen dachte ich, das könnte da einfach mit rein zur Basis, weil das ja ein was weiß

5.3 Fallbeispiel Thomas als Prototyp unvernetzten Wissens

ich Teilaspekt vielleicht von der Basis ist oder eine Eigenschaft der Basis. Deswegen hab ich die da mit aufgeschrieben." (150ff)

Thomas zeigt metakognitive Ansätze, indem er sich selbst einschätzt, sein Wissen und die Probleme beim Erwerb desselben:

„Also, die ganzen Zusammenhänge versteh ich nicht alle. Also ich weiß halt das Gerüst so alles von mir, was ich aufgezeichnet hab, aber hinterher erklären kann ich irgendwie nie so gut, also z.b. jetzt hier in Mathe vor allen Dingen. Also, ich versteh manche Themen, aber ich bin auch nicht das Genie in Mathe. Also, zumindest nicht bei den Themen. Ja und von daher fällt mir die Erklärung auch nicht so leicht, eigentlich." (74ff)

In den folgenden Äußerungen wird deutlich, dass die Vernetzungen nicht nachhaltig sind. Eine der Ursachen könnte auch die Fülle der Zusammenhänge sein:

„Wenn ich jetzt z.b. jetzt meine Zeichnung hier seh, dann frag ich mich selbst, was hab ich damals alles gemacht. Weil als ich das gezeichnet habe z.b., da hatte ich jetzt viele Gedanken im Kopf und da war's mir auch einigermaßen klar. Aber jetzt im Nachhinein, so wenn ich drauf guck, dann ist mir vieles wieder unklar. Also, ich weiß nicht, dann muss ich z.b. wieder durchlesen, die ganzen Skripte von Herrn Euba z.b. oder Bücher. Irgendwas nachschlagen." (120ff)

Und gegen Ende des Interviews reflektiert Thomas einen Spezialfall, einen Algorithmus zur Berechnung größerer Determinanten, an den er sich noch gut erinnert. Er vermutet, dass ihm dies deswegen noch im Gedächtnis geblieben ist, weil bei dieser Unterrichtseinheit viel an der Tafel gearbeitet wurde... :

„Also, was ich zumindest ganz gut verstanden hab, also was ich richtig gut konnte war das mit der Streichungsmatrix. Also das ist mir leicht gefallen, mit den Determinanten. Wieso, weiß ich nicht, das kann jetzt auch sein, dass das, Herr O[12] war das glaube ich, der uns das erklärt hat. Das kann vielleicht auch sein, glaube ich nicht, muss nicht sein, aber könnte sein, dass ich das deswegen so gut verstanden hab, weil er mehr an der Tafel gearbeitet hat. Er hat Beispiele gemacht, hat jemand an die Tafel geholt, der das dann vor uns rechnen musste und, ja, das kann sein, dass das dadurch gekommen ist, oder dass es einfach vielleicht ein einfaches Thema allgemein ist, das weiß ich ja nicht. Das war auf jeden Fall ne Sache, die ich mir gut merken konnte und auch Matrix, so die Rechnung mit unabhängig/abhängig ausrechnen, das ist eigentlich auch gut in Erinnerung geblieben. Ja, es bleibt, manchmal bleibt was hängen, aber nicht oft." (326ff)

---

12 Student im Schulpraktikum

In den geäußerten metakognitiven Überlegungen fehlen Aspekte zur Verbesserung des eigenen Verständnisses und der Nachhaltigkeit, sie bleiben so passiv: es fehlt die „motivationale Metakognition" (SJUTS, zitiert nach Katja Maass, S. 34).

Die geringe Nachhaltigkeit hat letztlich zur Folge, dass eine Frage wie der Vergleich zwischen Analysis und Linearer Algebra nicht wirklich beantwortet werden kann, weil konkrete Anknüpfungspunkte fehlen. Thomas nennt in seinen Ausführungen dazu lediglich zwei Begriffe, ohne näher auf diese einzugehen, und bleibt sonst auf einer sehr allgemeinen Ebene. Daher kann man die Perspektive auch nicht als global beschreiben:

> „Also, ich denke mal, so von den Begriffen her oder vom Hau [] von der Hauptidee her ist es vielleicht getrennt, aber wenn man so sich alles anguckt, kommt eigentlich alles jedes Mal wieder vor. Das, was wir im letzten Semester und im vorletzten hatten, kommt z.B. auch in dem Thema wieder vor. Ableitung ist z.B. auch' n Thema von Früher alles. Das meiste, was wir eigentlich haben. Skalarprodukt kam auch schon davor mal vor und das wird eigentlich immer wiederholt, also man muss alles wissen, jetzt also für jedes Thema muss man das andere auch gut kennen, denke ich mal, um das auch gut hinzubekommen. Und wenn man jetzt mit nem neuen Thema anfängt und die alten nicht mehr drauf hat, dann wird ziemlich schwer, weil das ja alles Wiederholung eigentlich ist. Also so hängen die eng miteinander zusammen, obwohl die anders heißen. Also vom Namen her würden die nicht zusammen passen, aber wenn man sich alles genau anschaut, dann sieht man doch, dass alles miteinander verbunden ist." (303ff)

In den Ausführungen von Thomas zeigen sich mehrfach begriffliche Mängel. Thomas gelingen aber auch Ausführungen, welche die Dimensionsausprägung funktional im Begriffsverständnis erreichen. Einmal zeigen sich Ansätze für die Dimensionsausprägung konzeptionell.

Zumeist zeigt Thomas eine lokale Perspektive auf sein Wissen.

Aus den mehrfachen Reflexionen über sein Wissen zieht Thomas jedoch keine Schlussfolgerungen, jene bleiben auf der Ebene des Beschreibens stehen.

Die in der Interpretation der Concept Map genannten positiven Aspekte bestätigen sich im Interview nicht.

Aus diesen Indikatoren folgt, dass Thomas für den Themenbereich Lineare Algebra einen niedrigen Vernetzungsgrad des Wissens aufweist.

5.3 Fallbeispiel Thomas als Prototyp unvernetzten Wissens   129

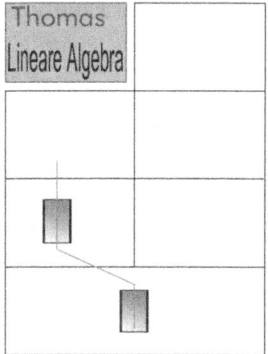

Abb. 5-27: Auswertungs-Boxplot „Lineare Algebra" zu Thomas, Quelle: eigene Darstellung

5.3.3 Stochastik

Beschreibung der Stochastik Concept Map

Für diesen Themenbereich ist eine leichte Verbesserung im Grad der Vernetzung von Thomas' Wissen zu rekonstruieren. Diese Verbesserung reicht jedoch nicht aus für einen mittleren Grad der Vernetzung.
Thomas hat alle 21 vorgegebenen Begriffe in seiner Concept Map (Abb. 5-28) verwendet. Er fügt noch den *Wiederholungs*-Aspekt hinzu, allerdings bei der *Rekursion*.

Alle vorgegebenen Begriffe verwendet		
Hinzugefügt:	mit Wiederholung • ohne Wiederholung (Permutation??)	

Tabelle 5-6: Begriffe in Thomas' Concept Map „Stochastik", Quelle: eigene Darstellung

Die meisten Verbindungslinien in der Map sind beschriftet, sie enthält aber – wie Thomas' andere Concept Maps – keine explizite Gliederung in beschriftete Bereiche. Dennoch lässt sie sich in zwei Bereiche einteilen: den Bereich links um den Begriff *symmetrische Irrfahrt* beginnend bis zu *Rekursion* und *Produktregel* und einen kleineren Bereich rechts unten, in dessen Mitte der Begriff *Urne* steht. Als einzige Verbindung zwischen diesen beiden Bereichen ist der Begriff *Ergebnisraum* eingetragen. Unten links stehen noch die zwei Begriffe *Wahrscheinlichkeitsmaß* und *Hypothesentest* zwischen zwei Fragezeichen. Diese Begriffe kann Thomas offenbar nicht zuordnen.

Der Bereich rechts unten enthält den Begriff *Zufall*, auf den eventuell *Urne* weist. Die beiden Verbindungslinien zum *Zufall* sind beschriftet mit *alles nur (Zufall) oder vorherbestimmt?* Diese Verbindungslinien münden in die Begriffe *Permutation* bzw. *Abzählen*. Von *Permutation* geht ein Pfeil nach *Abzählen*, der mit *Möglichkeiten ausrechnen oder* beschriftet ist. Mit diesen beiden Begriffen ist noch *Binomialkoeffizient* verbunden, der seinerseits eine Verbindung zu *Daten* aufweist. Beide Verbindungen sind unbeschriftet, wie auch die Verbindung zwischen *Zufall* und *Ziegenproblem*.

Der im Zentrum der Concept Map liegende Begriff *Ergebnisraum* verbindet die Bereiche. Die Beschriftung *man erhält überall einen (Ergebnisraum)* soll offenbar für alle drei Pfeile auf diesen Begriff gelten. Ein vierter unbeschrifteter Pfeil weist auf den Begriff *Modellbildung*.

Der oberhalb liegende erste Bereich kann in zwei Teilbereiche untergliedert werden mit Hilfe der dreiecksförmigen Verbindung zwischen den drei Begriffen *Tennis*, *Pfadregel* und *Rekursion*, die mit *ein „starker" Spieler hat / eine höhere Wahrscheinlichkeit / zu gewinnen, je mehr Spiele es sind* umlaufend beschriftet ist und *bedingte Wahrscheinlichkeit* einschließt. Zu diesem rechten Teil des Bereiches gehören noch *Produktregel* und *Funktion*. Im linken Teil des Bereiches schließt sich an *Tennis* die *symmetrische Irrfahrt* an, mit welcher die Begriffe *geometrische Wahrscheinlichkeit* und *Baumdiagramm* verbunden sind. Die Verbindungslinien sind beschriftet mit *kommt es zu einem Treffen?* und *kompliziert Baumdiagramm*. Von diesem Begriff weist ein mit *ergibt die Pfade* beschrifteter Pfeil auf die *Pfadregeln*. Von diesem linken Teil schließlich weist eine Art geschweifte Klammer auf den Begriff *Struktur*, die mit *man erkennt eine* beschriftet ist.

Interpretation der Stochastik Concept Map

Die oben beschriebenen Bereiche ergeben sich aus den vorhandenen Verbindungslinien. Die Zusammenstellung der Begriffe wirkt zumindest teilweise willkürlich. So enthält der rechte Bereich den Begriff *Zufall*, wozu der Begriff *Urne* als wichtiges Modell zur Beschreibung bestimmter „zufälliger" Abläufe gut passen würde. Das deutet Thomas aber allenfalls an, denn die beiden Begriffe liegen zwar nahe beieinander, eine Verbindungs-

5.3 Fallbeispiel Thomas als Prototyp unvernetzten Wissens

linie oder gar eine Beschriftung dazu gibt es nicht. Das mit *Zufall* verbundene *Ziegenproblem* ließe sich durch viele andere Begriffe ersetzen. Die drei weiteren Begriffe *Permutation, Binomialkoeffizient* und *Abzählen* beschreiben eher die Ermittlung bestimmter Zahlenwerte. Vergleichbare Begriffe gibt es auch in dem oberen Bereich. Auch die Zuordnung von *Daten* zu *Binomialkoeffizient* erscheint jedenfalls ohne Erklärung willkürlich.

Im oberen Bereich fällt der Begriff *Funktion* als Bindeglied zwischen *Pfadregel* und *Produktregel* auf, was ohne Erläuterung nicht nachvollziehbar ist. Dass die *Rekursion* mit den Attributen *mit / ohne Wiederholung* versehen ist, deutet auf eine Verwechslung. Der links davon stehende Teil um *symmetrische Irrfahrt* basiert auf Aufgabenstellungen im Buch. Das daraus sich ergebende Erkennen von *Struktur* bleibt vage. Aus dem Umgang mit dem zentralen Begriff *Ergebnisraum* kann man mutmaßen, dass Thomas die konkrete Bedeutung von *Struktur* nicht wirklich klar ist.

Bei der Einordnung der Begriffe hatte Thomas wohl weitgehend Mikro-Sicht. Unter dieser Voraussetzung erscheint die Wahl des Orts etlicher Begriffe in der Concept Map lokal begreifbar.

Interview zu Stochastik

Beim Begriffsverständnis an einigen Stellen ist eine leichte Verbesserung des Niveaus rekonstruierbar, die Dimensionsausprägung nominal tritt etwas seltener auf als die Dimensionsausprägung funktional, nimmt aber doch einen relativ breiten Raum im Interview ein. An einer Stelle sind Aspekte der Dimensionsausprägung konzeptionell erkennbar. Thomas nimmt dabei stets eine lokale Perspektive (Dimensionsausprägung: Mikro-Sicht) ein. Das wird besonders deutlich bei der Erläuterung der Concept Map zu Beginn des Interviews, wo er von Begriff zu Begriff geht und meist nur die beiden aktuellen Begriffe betrachtet:

> „Ja, ok, also ich hab bei der angefangen mit dem Baumdiagramm hier. Hab ich einfach da hingesetzt und dann hab ich überlegt, was dazu passen könnte. Dann dachte ich mir, die Pfadregeln passen sehr gut dazu, weil übers Baumdiagramm kann man ja die Pfadregeln ablesen und die ganzen Ergebnisse, also die Werte, die man braucht, die man hier einsetzen müsste in die Pfadregeln." (7ff)

Einige Minuten später im Interview zeigt Thomas konzeptionelle Aspekte, wenn er den Funktionsbegriff ausweitet:

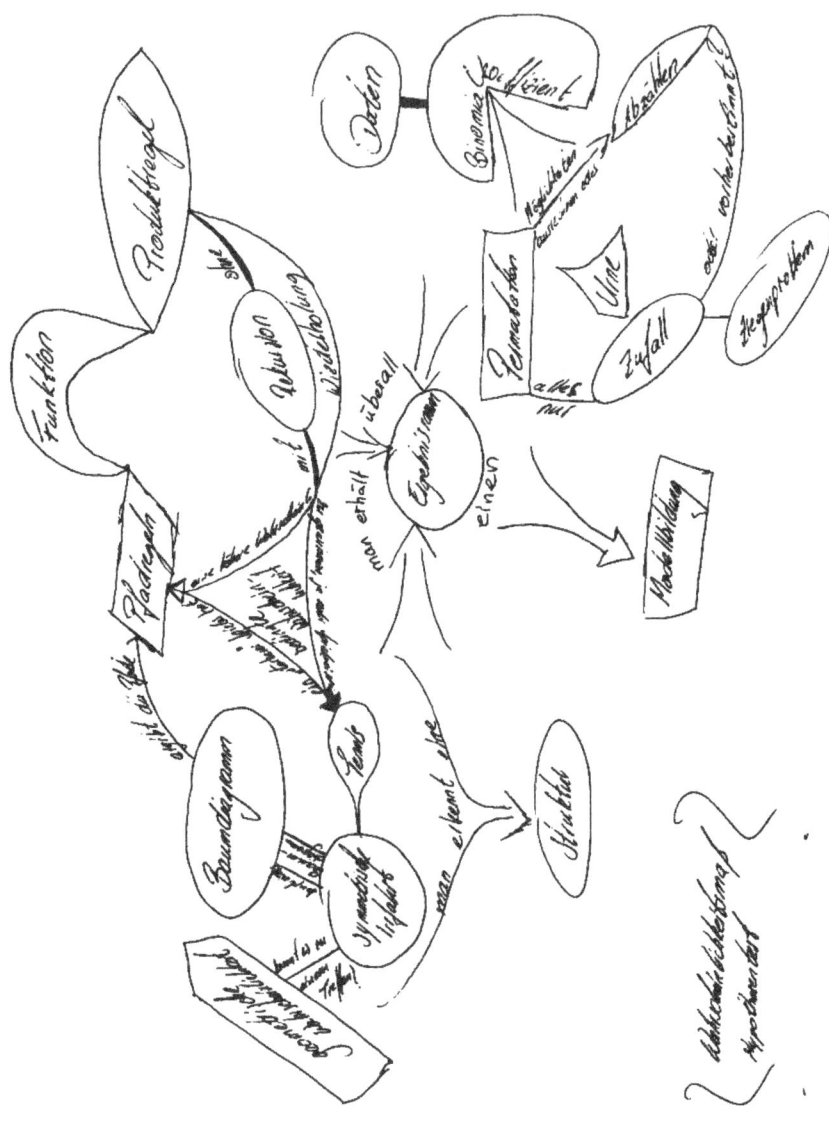

Abb. 5-28: Concept Map „Stochastik" von Thomas, Quelle: eigene Darstellung

5.3 Fallbeispiel Thomas als Prototyp unvernetzten Wissens 133

„Dann hab ich hier natürlich an die Pfadregeln Funktion, Funktion drangehängt, weil, in meinen Augen ist es auch ne Funktion. Zwar jetzt nicht so, wie wir die früher mal hatten, aber eigentlich auch, weil ja immer was vorgegeben ist, schon die feste Funktion, muss man nur die Werte einsetzen." (61ff)

Die Frage nach dem Zusammenhang zwischen Produktregel und Funktion – in der Map ist „Funktion" wie eine Brücke zwischen „Pfadregeln" und „Produktregel" gestaltet – kann Thomas nicht überzeugend beantworten, den Begriff „Rekursion" verwechselt Thomas vermutlich mit „Kombination". Das Begriffsverständnis geht über nominales Niveau hinaus in der Erklärung von „mit" und „ohne Wiederholung", in der Thomas zudem jeweils die Folgen mit erwähnt und so auch die Perspektive etwas erweitert:

„Also, weil ich denk, dass es einerseits auch ne Funktion ist, so [.] vom Prinzip her. Ja, deswegen hab ich das einfach nur hier hingesetzt und das mit der Rekursion und mit und ohne Wiederholung war, glaube ich, bei dem Thema mit bei. Dass, wenn man von fünf Kugeln irgendwas ziehen soll, dass man da die Wahrscheinlichkeiten ausrechnen könnte, nee, die Möglichkeiten, wie viele kommen, wie viel man ziehen könnte. Und da gibt's einmal mit Wiederholung, also, dass man die wieder zurücklegt, die Kugeln, dann kriegt man natürlich mehr Möglichkeiten, und wenn man ohne Wiederholung das noch mal durchgeht, dann hat man weniger Möglichkeiten, weil man die einzelnen gezogenen ja draußen behält und nicht wieder reinpackt. Also in ne Schale oder so." (80ff)

Das folgende Zitat steht fast am Ende der Erläuterungen der Concept Map. Es zeigt funktionales und nominales begriffliches Niveau bei eher lokaler Perspektive und steht so beispielhaft für weite Teile der Erläuterung der Map:

„Die Urne hab ich hier in die Mitte gesetzt, weil das auch ne Permutation war und da hatten wir auch die Aufgaben mit den Kugeln, mit dem Ziehen, wo verschiedene drin waren. Deswegen hab ich die auch da hingesetzt. Dann das mit dem Abzählen, hab ich in Verbindung auch mit Permutation gesetzt, weil man kann die Möglichkeiten entweder abzählen, also alles aufschreiben, jeweils alles und dann abzählen, wie viele es gibt, oder ausrechnen auch mit dem Bioni [] Bio [äh] [L] Binomialkoeffizienten. Damit kann man die Wahrschei [äh] die Möglichkeiten dann ja auch ausrechnen. Und für den Binomialkoeffizienten braucht man halt Daten, hab ich geschrieben, weil ohne Daten kann man ja auch nichts ausrechnen. [..] Ja. [...] Und Modellbildung hab ich jetzt hier [äh] wie war das? Ich glaube, das hab ich da hingesetzt, weil man für alles auch mal ein Modell erst entwickeln müsste, für jedes Gebiet, was man errechnen will, oder so. Ja, so ungefähr." (150ff)

Am Ende dieses ersten Teils des Interviews zeigt Thomas metakognitive Ansätze (deklarative und prozedurale Metakognition) hinsichtlich der Entstehung seiner Map und einer Einschätzung des Schwierigkeitsgrades des Themas:

> Interviewerin: „Also du hast jetzt, du hast eben gesagt, dass du sozusagen angefangen hast, also deine Strategie war, mit dem Baumdiagramm anzufangen. Also davon bist du ausgegangen."
>
> Thomas: „Ja, weil ich mir da ziemlich sicher war ungefähr, wie das zustande kommen könnte, was da alles dazu passt und wie ich da anfangen könnte, hier mit den Pfeilen und was dazu passt, was ich ranhängen könnte." (157ff)
>
> Interviewerin: „Gibt es sonst noch irgendwie was, was dir einfällt zu deiner Concept Map?"
>
> Thomas: „Nö, ich könnt nur sagen, dass es mir bei der eigentlich am leichtesten gefallen ist, die zu erstellen als bei den anderen Themen. Weil für mich war dieses Thema Stochastik eigentlich ziemlich einfach zu verstehen und nicht so komplex wie die anderen Themen immer. Also das hab ich auch relativ gut verstanden." (174ff)

Die Frage nach seiner Einschätzung der Unterrichtseinheit „Computertomographie" beantwortet Thomas positiv:

> „Also, ich fand die Aufgabe und die Unterrichtseinheit eigentlich ziemlich gut. Das hat Spaß gemacht, das ist auch mal wieder was anderes, bisschen Anwendung und so hatten wir. Und man konnte selbst was zeichnen. Weiß nicht, man hatte mehr Möglichkeiten zu machen da finde ich. Also mir hat das sehr gut gefallen, die Aufgabe." (193ff)

Thomas geht in seiner Antwort nicht auf konkrete Inhalte ein, erinnerte sich aber an lange Rechnungen, die er als einzigen negativen Aspekt erwähnt: *„Auf jeden Fall, das war bisschen nervig immer, wenn man immer so viel schreiben musste."* (212f)

In diesem Themenbereich scheint Thomas eine Verbesserung des begrifflichen Niveaus erreicht zu haben, da die Dimensionsausprägung funktional überwiegt und sich an einer Stelle konzeptionelle Aspekte zeigen. Auch die erwähnten metakognitiven Aspekte stützen diese Vermutung.

Im zweiten Teil des Interviews, im Anschluss an die Erläuterungen zur Concept Map, tritt die Dimensionsausprägung nominal deutlich häufiger auf als im ersten Teil des Interviews, und die als funktional eingestuften Äußerungen enthalten mehrfach nominale Anteile.

Thomas blickt mit lokaler Perspektive auf sein Wissen.

5.3 Fallbeispiel Thomas als Prototyp unvernetzten Wissens

Da auch die Zuordnung der Begriffe in der Concept Map oft nicht überzeugt, folgt aus den Indikatoren, dass der Grad der Vernetzung von Thomas' Wissen auch für den Bereich Stochastik gering ist. Die erwähnte Verbesserung reicht noch nicht aus für einen insgesamt höheren Grad.

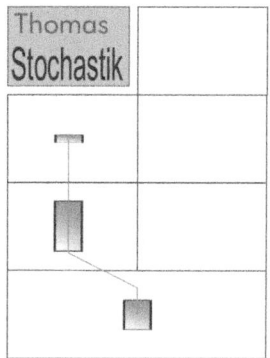

Abb. 5-29: Auswertungs-Boxplot „Stochastik" zu Thomas, Quelle: eigene Darstellung

5.3.4 Typeneinordnung

In allen drei Interviews offenbart Thomas z.T. erhebliche begriffliche Probleme, indiziert durch die relativ oft rekonstruierte Dimensionsausprägung nominal. Dazu tritt bei fast ausschließlich lokaler Perspektive (Dimensionsausprägung: überwiegend Mikro-Sicht) etwas häufiger bzw. etwa gleich oft die Dimensionsausprägung funktional auf. Konzeptionelles begriffliches Niveau ist (auch ansatzweise) sehr selten rekonstruierbar. Der Grad der Vernetzung von Thomass Wissen wird daher als „niedrig" eingestuft, zumal Thomas fast ausnahmslos eine lokale Perspektive (Dimensionsausprägung: überwiegend Mikro-Sicht) einnimmt.

Es folgen die Indikatoren noch einmal im Überblick:

- Im ersten Interview ist ein großes Verständnisproblem bei der Integralrechnung bzw. deren Definition sichtbar, das ein konzeptionelles begriffliches Niveau für diesen Themenbereich ausschließt.
- Im zweiten Interview wächst der nominale Anteil am begrifflichen Niveau etwa auf den Anteil des funktionalen begrifflichen Niveaus.

- Im dritten Interview könnte zwar eine Passage, in der Thomas die Pfadregel als Funktion einstuft (siehe S. 134), der Dimensionsausprägung konzeptionell zugeschrieben werden, aber der nominale Anteil bleibt in sofern relativ hoch, als die als funktionales Begriffsniveau eingeschätzten Äußerungen nominale Teile enthalten.

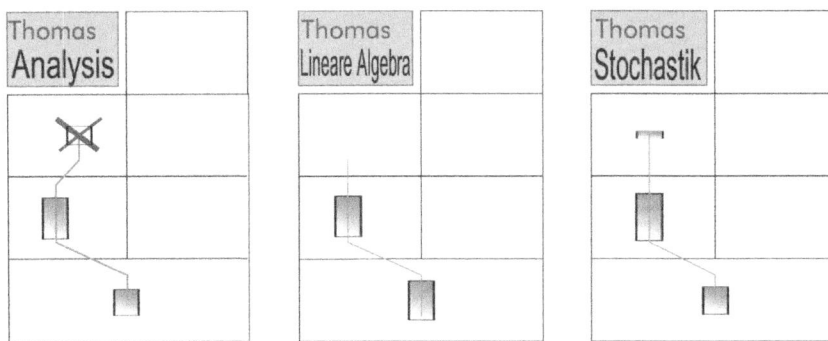

Abb. 5-30: Zusammenschau der Auswertungs-Boxplots zu Thomas, Quelle: eigene Darstellung

Eine Entwicklung von Thomas im Hinblick auf Vernetzungen ist nicht feststellbar. Auch die Concept Maps von Thomas bleiben relativ unverändert. Es sind jeweils einige kleine Bereiche als solche eingezeichnet, wobei die darin befindlichen Begriffe unverbunden bleiben. Ansonsten gibt es eine Reihe von Begriffen, die Thomas möglicherweise durch ihre räumliche Nähe als zusammengehörig kennzeichnet. Das ist aber aus der Concept Map alleine meist nicht rekonstruierbar, weil weder ein Rahmen um diese Begriffe gezeichnet ist, noch ein Name darüber geschrieben wurde. Da sich Thomas bei den Erklärungen seiner Concept Maps von Begriff zu Begriff hangelt, spiegelt sich im Aufbau der Concept Map wohl Thomass lokale Perspektive.

Die Beschriftung der Verbindungspfeile hat ab der zweiten Concept Map leicht zugenommen.

Auffällig ist das Auftreten metakognitiver Aspekte, die aber Thomas offenbar nicht zu einer Änderung des eigenen Verhaltens anregen.

Obige Ausführungen legen nahe, Thomas als Prototyp für „unvernetztes Wissen" einzustufen.

5.3 Fallbeispiel Thomas als Prototyp unvernetzten Wissens

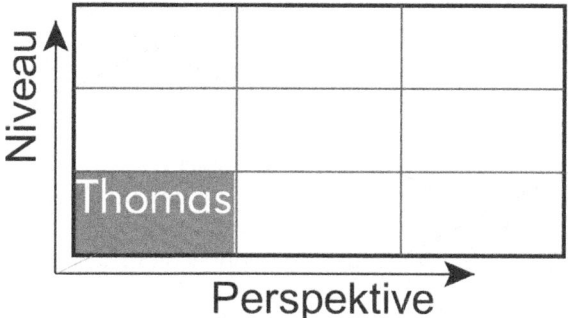

Perspektive auf das Wissen: überwiegend Mikro
Begriffliches Niveau: niedrig

Abb. 5-31: Thomas als Prototyp für unvernetztes Wissen, Quelle: eigene Darstellung

5.3.5 Überprüfung

Die Gesamtbewertung von Klausuren und Tests liegt teilweise über einer nach der Typenzuordnung zu erwartenden Einschätzung. Dabei ist zu bedenken, dass sich die Inhalte der Klausur auf etwa zwei Monate Unterricht beziehen und vor der Klausur wiederholt worden sind. Und nur ein kleinerer Teil der Aufgaben hatte gezielt mit Vernetzungen zu tun.

In der ausgewahlten Aufgabe der ersten Klausur zum Thema „Lineare Algebra" ergibt sich kein einheitliches Bild: es zeigen sich begriffliche Probleme und Unsicherheiten, manches erscheint auswendig gelernt (z.B. erste Zeile im zweiten Absatz), aber es sind auch konzeptionelle Aspekte rekonstruierbar (z.B. Teile der sich im zweiten Absatz anschließenden Ausführungen zum Begriff „Basis").

5 a) Erläutern Sie die VEKTORRAUM-Struktur. Welche Bedeutungen kommen dabei der BASIS zu?

„Ein Vektorraum ist ein dreidimensionales Gebilde, das sich mit Hilfe der Basisvektoren aufspannen lässt. Es ist eine abelsche Gruppe bzgl. +. Man kann einen Vektorraum mit Körperelementen multiplizieren. Man kann ihn ebenso (mit einer Linearkombination) mit Hilfe des Erzeugendensystems aufspannen. Ein Vektorraum ist eine Menge aus Vektoren, die aus zwei Strukturen verwoben ist wie z.b. IRn oder der Vektorraum aller Polynome Pn. Der Vektorraum ist ein strukturierter, nach einem Muster geordneter Raum, in dem man durch Basisvektoren jeden Punkt erreichen kann. Alle Punkte stehen also in einer Verbindung zur Basis. Denn ohne die Basis könnte man einen solchen Raum nicht erzeugen. Ein Vektorraum besteht aus einer Gruppe und einem Körper."

Die Antwort zur zweiten Teilaufgabe ist ohne Kommentare nicht verständlich:

b) Geben Sie zwei Beispiele für Vektorräume an; eines der Beispiele muss aus der Analysis stammen. Beschreiben Sie jeweils konkret am Beispiel die Bedeutung der Basis.

„(V, +) über (S, +, •)"

Ein ähnliches Bild geben die Lösungen zu den ausgewählten Aufgaben aus den weiteren Tests und Klausuren.

In der Aufgabe aus der letzten Klausur (Thema: Stochastik) zählt Thomas als Überblick einige Begriffe auf und erläutert diese, ohne jedoch auf Zusammenhänge einzugehen und ohne Begründungen für die Wahl gerade dieser Begriffe. Diese Auflistung ist ein Indiz dafür, dass Thomas wieder mit lokaler Perspektive auf sein Wissen „blickt":

7 a) Geben Sie einen Überblick über die im Stochastik-Unterricht behandelten Themen. Erläutern Sie dabei auch, wie diese miteinander zusammenhängen.

<Unterstreichungen wie im Original>

„Pfadregeln: 1. Die Wahrscheinlichkeit eines Pfades ist gleich dem Produkt der Wahrscheinlichkeiten längs dieses Pfades.

2. Man erhält die Wahrscheinlichkeit eines Ereignisses, das sich aus verschiedenen Pfaden zusammensetzt, indem man die Wahrscheinlichkeiten der einzelnen Pfade addiert.

Empirisches Gesetz der großen Zahlen bedeutet, dass sich nach einer Vielzahl von Versuchen langsam ein Grenzwert bildet und sich die Werte um ihn konstant einpendeln.

Bedingte Wahrscheinlichkeiten sind Wahrscheinlichkeiten, die in Abhängigkeit von bestimmten Vorbedingungen berechnet werden. Eine Vorbedingung wird hinter einem Schrägstrich mit angegeben.

Permutationen beinhalten Anordnungen von n voneinander verschiedenen Elementen in einer Reihe. Damit kann man ganz einfach die Möglichkeiten eines Ereignisses ausrechnen. Es wird in Kombinationen mit und ohne Wiederholung unterschieden.

Hypothesen-Test Hierbei wird eine Alternativhypothese (H1) aufgestellt, die von einer Nullhypothese (H2) verneint wird. Dieser Test eignet sich, um aufgestellte Hypothesen zu falsifizieren. Man kann auch noch in Fehler 1. und 2. Art unterteilen, wobei der Fehler 1. Art eintreten würde, wenn eine These verneint wird, sie aber in Wirklichkeit stimmt. Fehler 2. Art tritt ein, wenn eine These angenommen wird, die nicht stimmt. Für These könnte man auch Vorfall sagen."

b) Welche Verbindungen sehen Sie zur Analysis, welche zur Linearen Algebra?
„Verbindungen kann man zu Integralrechnung erkennen, bei der man ebenfalls aufsummieren muss. Ebenfalls kommt das Pascal'sche Dreieck vor, sowie Funktionen allgemein."

Das begriffliche Niveau ist vor allem im Aufgabenteil a) zumeist funktional und enthält besonders in Teil b) nominale Anteile. Die Begriffe in Teil a) sind erst relativ kurz vor der Klausur eingeführt worden, der Themenbereich *Analysis* liegt länger zurück.

Berücksichtigt man noch Thomas' Perspektive (s.o.), ergibt sich in den die Vernetzung betreffenden Teilaufgaben kein Widerspruch zur Typeinordnung.

Der Fragebogen weist kurze Antworten auf (maximal zwei Sätze), deren begriffliches Niveau und die eingenommene Perspektive kaum einzuordnen sind.

5.4 Fallbeispiel Kati als Prototyp mittleren Grades von vernetztem Wissen

Die bisher betrachtete Schülerin und die beiden Schüler beschreiben die Bandbreite der Prototypen vom „vernetzten Wissen" in zwei Ausprägungen bis zum „unvernetzten Wissen".

Kati wird im Folgenden als Lernende beschrieben, die insgesamt ein mittleres begriffliches Niveau erreicht. Eine eindeutige Zuordnung der im Interview eingenommenen Perspektiven auf mehrheitlich lokal bzw. global ist nicht möglich, da keine der Perspektiven herausragt. Diese Dimensionsausprägung wird mit „gemischt" bezeichnet. Dies sind die Indikatoren für den Prototyp „mittlerer Grad der Vernetzung".

Diese allgemeine Charakterisierung von Kati soll nun im Detail dargestellt und begründet werden, bezogen auf die drei Themenbereiche des betrachteten Zeitraums.

5.4.1 Analysis

Beschreibung der Analysis Concept Map

Katis Concept Map Analysis (Abb. 5-32) ist klar strukturiert, weist aber relativ wenige Beziehungen auf, von denen nur sechs beschriftet sind. Mit einer Ausnahme gelten alle Beziehungen der inneren Welt der Mathematik.

Auffällig ist die farbige Gestaltung der Map zur Markierung der beiden Hauptbereiche *Differenzialrechnung* und *Integralrechnung* mit blauer Farbe und in rot die Verbindung *Umkehrfunktion*, was diesen Begriff offenbar als höchst bedeutsam einstuft, denn sonst würde wohl die Farbe rot nicht verwendet.

Die beiden eben genannten Überschriften der Hauptbereiche sind vierfach verbunden, an erster Stelle steht dabei etwas überraschend *Exponentialfunktionen* (in Großbuchstaben), an zweiter Stelle *Umkehrfunktion* (in rot, s.o.), gemeint ist offenbar *Umkehrung*, wie es in der letzten Zeile der Map heißt. Die folgende Verbindung *Stetigkeit* ist als *Voraussetzung* für beide Bereiche beschriftet, die vierte Verbindung *Verkettung* mit den Pfeilbeschriftungen *nötig bei Funktionen* und *mit Teilfunktionen* weist möglicherweise auf die Kettenregel und deren Umkehrung für die Integralrechnung.

Der Bereich der *Differenzialrechnung* ist größer und gehaltvoller als jener der *Integralrechnung*. Er beginnt bei dem Begriff *Differenzialquotient* mit dem Aspekt *Grenzwert* und bei dem Begriff *Extrema* mit dem Aspekt *Optimierung*. Es folgen die drei Mittelwertsätze, von denen ausgehend eine geschweifte Klammer auf *Sätze* zeigt. Darunter hat Kati die Formel $x^n \to n \cdot x^{n-1}$ notiert, neben der *Ableitungswerkzeug* steht mit einem Pfeil auf *Sätze*.

Bei der *Integralrechnung* steht $X^n \circledR \frac{1}{n} x \; x^{n+1}$ rechts außen an oberster Stelle, etwas darunter von links die Begriffe *Substitution, partiell, geometrisch*. Von diesen vier Begriffen gehen blaue Verbindungslinien (einmalig in der Concept Map) zu einem Punkt, von dem ein (schwarzer) Pfeil auf *Werkzeug zur Differenzialrechnung* weist.

Kati schließt ihre Concept Map ab mit einer expliziten Kennzeichnung der Beziehung der beiden Hauptbegriffe *Differenzial-* und *Integralrechnung* als Umkehrungen voneinander.

Interpretation der Analysis Concept Map

Die oben beschriebene farbliche Gestaltung der Concept Map könnte auf visuelle Präferenzen hindeuten.

Die Bedeutung des an oberster Stelle der Concept Map notierten Begriffs *Exponentialfunktionen*, von dem jeweils ein blauer (unbeschrifteter) Pfeil auf einen der Hauptbegriffe zeigt, erweist sich im Interview als Begriffsverwechslung, es sollte wohl „Potenzfunktionen" heißen, was auch zu den auf beiden Seiten der Map auftauchenden Regeln für x^n passt. Dabei enthält die Integrationsregel jedoch einen Fehler.

Keine weitere Klärung liefert das Interview zum Begriff *Verkettung*, der als Hinweis auf die Kettenregel und die Substitution nach der Pfeilbeschriftung gedeutet werden könnte (s.o.).

Die erste Zeile in der Spalte zur *Differentialrechnung* kann als Versuch einer Definition des Ableitungsbegriffs gedeutet werden, in der zweiten Zeile könnte der Begriff *Optimierung* Realitätsbezüge andeuten. Die folgenden drei Sätze *Mittelwertsatz*, *Satz von Taylor* und *binomischer Lehrsatz* und deren Zusammenhang mit der als *Ableitungswerkzeug* bezeichneten Ableitungsregel könnten zum Ausdruck bringen, dass Kati nicht nur

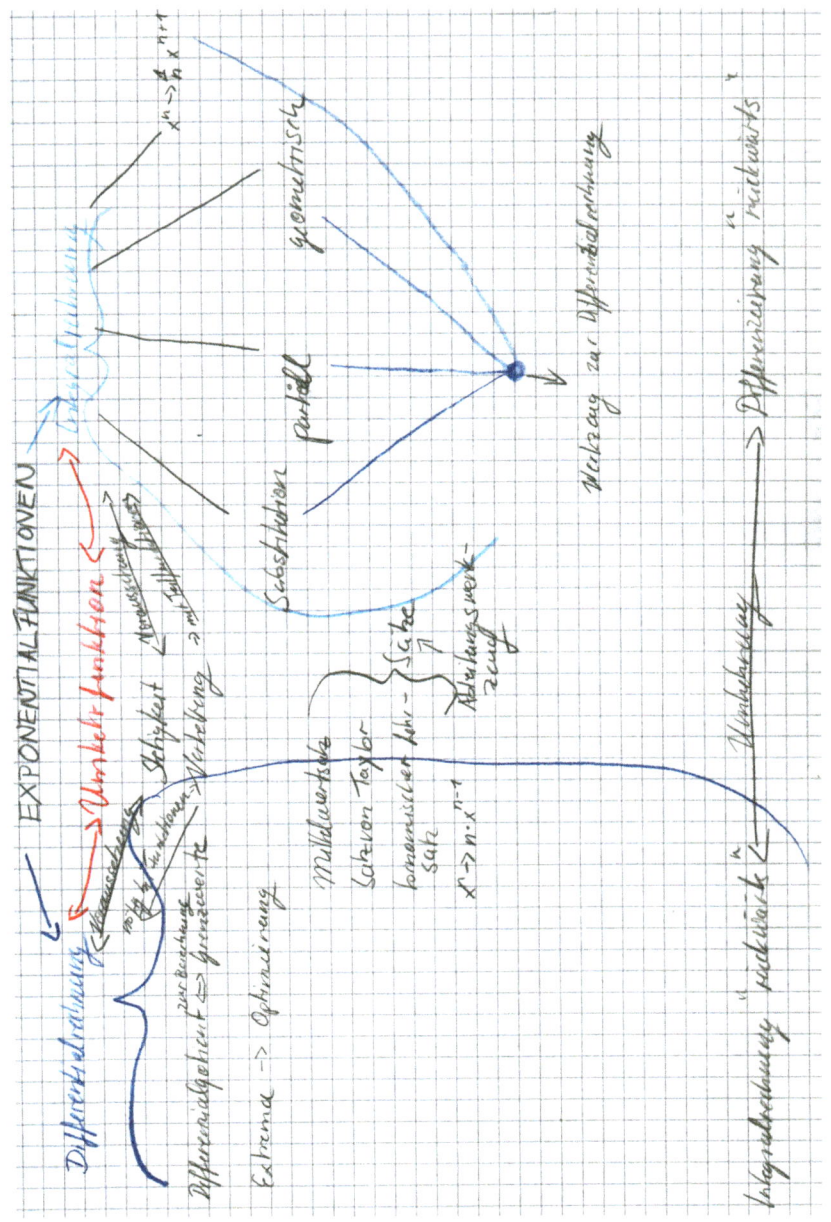

Abb. 5-32: Concept Map „Analysis" von Kati, Quelle: eigene Darstellung

5.4 Fallbeispiel Kati als Prototyp mittleren Grades von unvernetztem Wissen

die Ableitungsregel sondern auch die drei Sätze als Werkzeuge zur Ableitung ansieht.

Bei den unterhalb der Integrationsregel aufgeführten Begriffen *Substitution*, *partiell* und *geometrisch* in der Spalte *Integralrechnung* handelt es sich um zwei Berechnungsmethoden des Integrals sowie eine geometrische Deutung des Integrals, die für Kati offenbar zusammen mit der einfachen Integrationsregel die Integralrechnung ausmachen und auf *Werkzeug zur Differenzialrechnung* zeigen. Ob Kati hier den Gedanken der Umkehrung aufgreift, der direkt darunter den Abschluss der Map kennzeichnet, oder „Werkzeug zur *Integralrechnung*" gemeint war, lässt sich nicht rekonstruieren.

Die Concept Map weist konzeptionelle und funktionale Aspekte auf, es könnte an einigen Stellen aber auch nominales Niveau des Begriffsverständnisses vorliegen. In der Perspektive lassen sich beide Sichtweisen erahnen. Durch die wenigen erklärenden Hinweise in der Concept Map ist eine genauere Zuordnung nicht zu belegen.

Interview zu Analysis

Die Erläuterungen der Concept Map machen über die Hälfte des Interviews aus. Hier zeigt Kati vorwiegend funktionales Niveau des Begriffsverständnisses, an manchen Stellen auch konzeptionelles Niveau. Die eingenommene Perspektive ist wechselnd global bzw. lokal. Der folgende kurze Ausschnitt des Interviews bezieht sich zunächst auf den blau gekennzeichneten Teil zur Differentialrechnung (links):

> „Und [ähm] dann [...] ach ja, was man so zur Differentialrechnung zur Berechnung so braucht oftmals. Und wie, was wir alles mal berechnet haben, hier Extreme und Optimierung und so was. Und hier unten hab ich noch mal den Zusammenhang von Differential- und Integralrechnung aufgeschrieben, also dass das die Umkehrung ist, praktisch, also dass es jeweils immer das andere rückwärts ist, praktisch. Und zur Integralrechnung hab ich dann einmal diese Formel, ganz am Anfang hatten wir die, glaube ich mal. Das ist irgendwie so das Einfachste, was mir dazu einfiel, so was wir gemacht haben. Und dann habe ich das noch mal unterteilt zwischen partieller und geometrischer Integralrechnung und Substitution und dann hab ich das auch wieder als Werkzeug zur Differentialrechnung beschrieben, so wie ich das da hier zur Integralrechnung gemacht habe." (38ff)

Der 1. Satz oben bezieht sich (nach Zeile 28ff) offenbar auch auf die drei Mittelwertsätze und nicht nur die Ableitungsregel für x^n. Inwiefern man die

Sätze zu Berechnungen bei der Differentialrechnung gebrauchen kann („*oftmals*"), führt Kati nicht aus. Es folgen zwei Beispiele, wofür Differentialrechnung angewendet wurde, deren Beziehung zueinander in der Concept Map durch einen Pfeil angedeutet ist, zu der aber nichts gesagt wird. Funktionales Niveau des Begriffsverständnisses überschreitet die Schülerin nicht, die eingenommene Perspektive geht über lokal hinaus.

Der folgende Satz weist auf einen prinzipiellen Aspekt des Zusammenhangs zwischen Differential- und Integralrechnung hin, so dass Kati hier konzeptionelles Niveau erreicht bei lokaler Perspektive.

Es folgen Äußerungen zum rechten Teil der Map, die noch metakognitive Ansätze in der Wertung der Integrationsregel für x^n beinhalten, die leider einen (unbemerkten?) Fehler aufweist. Die eingenommene Perspektive ist sicher global, doch da die Begriffe nicht ausgeführt werden, bleibt das Begriffsverständnis funktional.

Dieses Beispiel ist weitgehend typisch für das gesamte Interview, da Kati viele Begriffe richtig einordnen kann, dazu aber oft keine Ausführungen macht.

Im Interview erkennt Kati selbst, dass sie Exponential- mit Potenzfunktionen verwechselt hat. Deutlich wird im Interview auch, dass sie *Umkehrfunktion* in der Überschrift der Map umgangssprachlich verwendet hat. Diese „Umkehrung" spielt für Kati offenbar eine wichtige Rolle, und hier zeigt sie ein Begriffsverständnis, das sich zumindest konzeptionellem Niveau nähert, die Perspektive ist eher global:

> „Also wir hatten noch [..]auch [ähm] die Substitution, wir hatten ja auch verschiedene Sätze, z.B. Verkettung, und [ähm] wo ja Produktregel und all das und da sind ja auch wieder die Zusammenhänge, dass das wieder umgekehrt wird, für die Integralrechnung. Also so was auch. Also diese ganzen Formeln werden ja praktisch umgekehrt." (104ff)
> „Das ist praktisch für mich so, dass ich, wenn ich Integralfunktion sehe, denke ich immer daran, das ist jetzt irgendwie die erste Ableitung. Dazu suche ich jetzt die Sch, die Funktion davor, also deswegen auch dieses Rückwärts immer. Also das ist das andere Rückwärts halt. Also die Ableitung rückwärts. Also ich hab dann praktisch die Steigung für die Funktion, die ich mir so gedacht hab und such dann die Funktion dazu. Also ganz andersrum." (243ff)

Daher sind die beiden Bereiche der Differential- und Integralrechnung für Kati auch „*ineinander verwoben*".

Der eben erwähnte Begriff *Substitution* hat für Kati insofern eine wichtige Bedeutung, weil sie sich daran als schon früher verwendetes Hilfsmittel zu erinnern glaubt:

5.4 Fallbeispiel Kati als Prototyp mittleren Grades von unvernetztem Wissen

„...und dass wir das eigentlich nur zur [.] also Substitution ham wir auch, also substituiert haben wir, glaube ich, auch bei der Differentialrechnung, ich bin mir nicht sicher. [ähm] Aber das haben wir, hauptsächlich fiel mir das zur Integralrechnung jetzt ein. Also es gibt ja auch, das ist ja auch ne bestimmte Formel bei der Integralrechnung. [...] Also damit meinte ich nicht, dass man das jetzt nur bei der Inte[], dass es nur bei der Integralrechnung Substitution gibt. Also ich bin mir auch sicher, dass es das wo an, in anderen Bereichen der Mathematik gibt. Aber mir fiel ein, dass wir das zur Integralrechnung gemacht haben. [4]"

Interviewerin: „Gut. Also willst du damit sagen, diese Sachen kann man auch in der Differentialrechnung machen."

Kati: „Ja." (134ff)

Den in der Concept Map auftauchenden Begriff *Werkzeug* erläutert Kati mit Metawissen und einem „griffigen" Vergleich:

„Dass wir das immer benutzt haben, um irgendwas zu berechnen. Also wir haben nie wirklich festgelegt, [ähm] also [öh] kann man ja auch irgendwie nicht zu ‚wenn wir nun ne Funktion sehen, zu wissen: ja okay jetzt genau bei der Aufgabe müssen wir jetzt substituieren oder so, sondern dass es immer verschiedene Möglichkeiten gibt und ich mir davon was aussuchen kann. Also es ist genauso, wie wenn ich irgendwie zuhause bin und irgendeine Schraube sehe, dann weiß ich auch nicht gleich, welcher Schraubenzieher dazu passt. So und deswegen fiel mir Werkzeug dazu ein." (116ff)

Die sich anschließende Frage: *„wieso Werkzeug zur Differentialrechnung"*, beantwortet Kati ausweichend mit: *„wir hatten in unserer Mappe auch [ähm] am Ende immer so diese Zusammenfassung"*.

Der farblichen Gestaltung der Map könnten visuelle Vorlieben von Kati zugrunde liegen. Das gilt auch für Überlegungen zum Zusammenhang der Differential- und Integralrechnung:

„Also wenn ich jetzt, das ist [.] irgendwie, ich denk dann auch immer an diese Graphen und dass da der nächste zu passt. Und dann hatten wir ja prakt, es ist eigentlich genau das andersrum mit der Ersten und der Ableitung und der Funktion." (261ff)

An vielen Stellen des Interviews zeigt Kati Reflexionen. Besonders bemerkenswert ist jene, als sie realitätsbezogene Aufgaben lobt:

„... ja, es ist halt interessanter, wenn man so ne Aufgabe hat, wo man wirklich so was berechnen muss, was irgendwie reell ist, also nicht nur einfach diese Aufgabe hat und da jetzt, was ist nun der Wert, sondern dass es wirklich irgendwie nen Bezug zu irgendwelchen Sachen in der Realität hat. Auch wenn es für uns nicht wirklich zur Real zu unserer Realität gehört, aber so allgemein." (283ff)

Im Interview zum Thema Analysis wurden Indikatoren für den mittleren Grad der Vernetzung rekonstruiert:
Beim begrifflichen Niveau zeigen sich nur zwei Dimensionsausprägungen: funktional (überwiegt) und konzeptionell. Dabei nimmt Kati lokale und globale Perspektive ein (Dimensionsausprägung: beides), wobei die globale Sicht bei funktionalem Niveau leicht überwiegt.
Gelegentlich zeigt Kati metakognitive Aspekte und Metawissen.

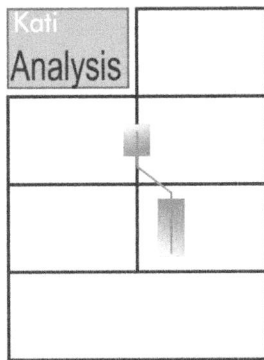

Abb. 5-33: Auswertungs-Boxplot „Analysis" zu Kati, Quelle: eigene Darstellung

5.4.2 Lineare Algebra

Beschreibung der Lineare Algebra Concept Map

Wegen einer Erkrankung hatte Kati mehrere Stunden gefehlt, auch in der Stunde, als die Concept Map erstellt wurde. In der Doppelstunde vor der Klausur war sie anwesend, obwohl sie sich noch unwohl fühlte, weil sie an der Vorbereitung auf die Klausur teilnehmen wollte. Der Lehrer dachte an die fehlende Concept Map, und schickte sie in einen anderen Raum, um diese anzufertigen – rückblickend gesehen keine glückliche Situation, die auch dazu führte, dass Kati viele der für die Concept Map vorgesehenen Begriffe nicht verwendete. Dazu erklärt sie:

> „Letzte Woche hatten wir Klausur geschrieben, dafür hatten wir nur zwei Stunden, das waren somit die letzten Stunden vor der Klausur gewesen. Eigentlich bin ich nur deswegen gekommen. Und dann musste ich da dieses Teil machen und hab nichts mitbekommen vom Unterricht und da, dann

5.4 Fallbeispiel Kati als Prototyp mittleren Grades von unvernetztem Wissen

hatte ich irgendwann keine Lust mehr. Nach' ner halben Stunde bin ich auch wieder rein gegangen" (100ff)

Es folgt jetzt die Beschreibung der vorgelegten Concept Map (siehe Tabelle 5-7 und Abb. 5-34):
Kati hat aus den eben genannten Gründen nur 17 der 30 vorgegebenen Begriffe verwendet, aber auch 4 Begriffe hinzugefügt.

Nicht verwendet	Abstand • Bezierkurven • Fibonacci-Zahlen • Fraktal • genetische Distanz • goldener Schnitt • Hessesche Normalform • Länge einer Küstenlinie • Lot • Menge aller Polynome • Parabolspiegel • Population • R^n (13 von 30)
Hinzugefügt:	Vektoren • Produkt • bijektiv • injektiv

Tabelle 5-7: Begriffe in Katis Concept Map „Lineare Algebra", Quelle: eigene Darstellung

Die Concept Map weist etwa in der Mitte unter dem Begriff *Vektorraum* eine Spalte auf, in der von oben nach unten die Begriffe *Basis* und *Dimension, Ebene, Determinante, Ableitung* und *Integral*, sowie *Homomorphismus* anschließen. Links daneben ist eine parallele Spalte mit den durch einen unbeschrifteten Doppelpfeil verbundenen Begriffen *Rang* und *Matrix*. Dazu kommt noch *Linearkombination*, wovon ein Pfeil auf *Matrix* zeigt, der mit *zur Rechnung nötig* beschriftet ist. Von *Rang* weist ein Pfeil nach *Dimension*, auf dem *beschreibt* steht, von *Matrix* zur *Ebene* weist ein Pfeil mit der Aufschrift *berechnen*. Links daneben und oberhalb von *Matrix* ist der Begriff *Kern*, von dem ein mit *der fällt bei Berechnung weg!* beschrifteter Pfeil auf *Matrix* zeigt. Schließlich zeigt noch ein Pfeil von *Linearkombination* auf die mit einer geschweiften Klammer verbundenen Begriffe *Ableitung* und *Integral*, auf dem steht: *Berechnung mit Hilfe. Ableitung* und *Integral* sind zudem mit einem Doppelpfeil verbunden, neben dem *Gegenteil von* steht.
    Von der zentralen Spalte geht noch von *Vektorraum* ein mit *besteht aus* beschrifteter Pfeil nach rechts auf *Vektoren* und von dort weiter nach rechts ein mit *Produkt ergibt* beschrifteter Pfeil auf *Skalarprodukt*. Parallel dazu weist vom letzten Begriff der zentralen Spalte (*Homomorphismus*) ein Pfeil auf *Isomorphismus*, auf dem *bijektiv & injektiv* steht.
    Im unteren Drittel der Concept Map stehen noch die drei mit „linear" beginnenden Begriffe *lineare Struktur, lineares Gleichungssystem* und *Li-*

nearform, die über einen unbeschrifteten Doppelpfeil mit *Linearkombination* verbunden sind.

Interpretation der Lineare Algebra Concept Map

Der eben zuletzt erwähnte *lineare* Block unten links ist vermutlich aus nominalem Verständnis dieser Begriffe entstanden. Die erste Zeile rechts von *Vektorraum* führt zum *Skalarprodukt* mit Beschriftungen, die höchstens funktionales Niveau des Begriffsverständnisses vermuten lassen (das vektorielle Produkt wurde im Unterricht nicht behandelt).

Die zentrale Spalte von *Vektorraum* zu *Homomorphismus* weist außer zwischen *Ableitung* und *Integral* keinerlei Verbindungen auf, es gibt aber solche von der Spalte links daneben. Dabei ist die Beschriftung des Pfeils von *Linearkombination* zu *Ableitung/Integral* unverständlich (*Berechnung mit Hilfe*), ebenso ganz oben links die Position von *Kern* und die Beschriftung des Pfeils von *Kern* auf *Matrix (der fällt bei Berechnung weg!)*. Probleme mit der Bedeutung von *bijektiv* offenbart die Beschriftung des Pfeils vom *Homomorphismus* zum *Isomorphismus*. Insgesamt zielt die Beschriftung der (wenigen) Pfeile mehr auf funktionale Aspekte *(berechnen, Produkt ergibt, beschreibt, zur Rechnung nötig, fällt bei Berechnung weg, Berechnung mit Hilfe)*. Die Anordnung der Begriffe in der zentralen Spalte ab *Ebene* abwärts bis *Homomorphismus* wirkt teilweise zufällig.

Die in die Concept Map neu aufgenommenen Begriffe sind eher elementare theoretische Begriffe, bei denen sich Kati – unter Beachtung der Entstehungsumstände der Concept Map – offenbar vergleichsweise am sichersten fühlt.

Interview zu Linearer Algebra

Im Interview zeigt sich im Begriffsverständnis ein relativ hoher Anteil nominalen Niveaus, an zwei Stellen werden zumindest Aspekte konzeptionellen Niveaus im Begriffsverständnis deutlich. Am häufigsten tritt aber funktionales Niveau auf, wobei Kati lokale und globale Perspektiven einnimmt. Sie ordnet Begriffe oft zutreffend ein, führt jedoch die Aufzählung nicht aus oder beschränkt sich auf rechnerische Aspekte. Als typisch kann dabei die Erläuterung der Map unterhalb von *Vektorraum* bis *Determinante* gelten:

5.4 Fallbeispiel Kati als Prototyp mittleren Grades von unvernetztem Wissen

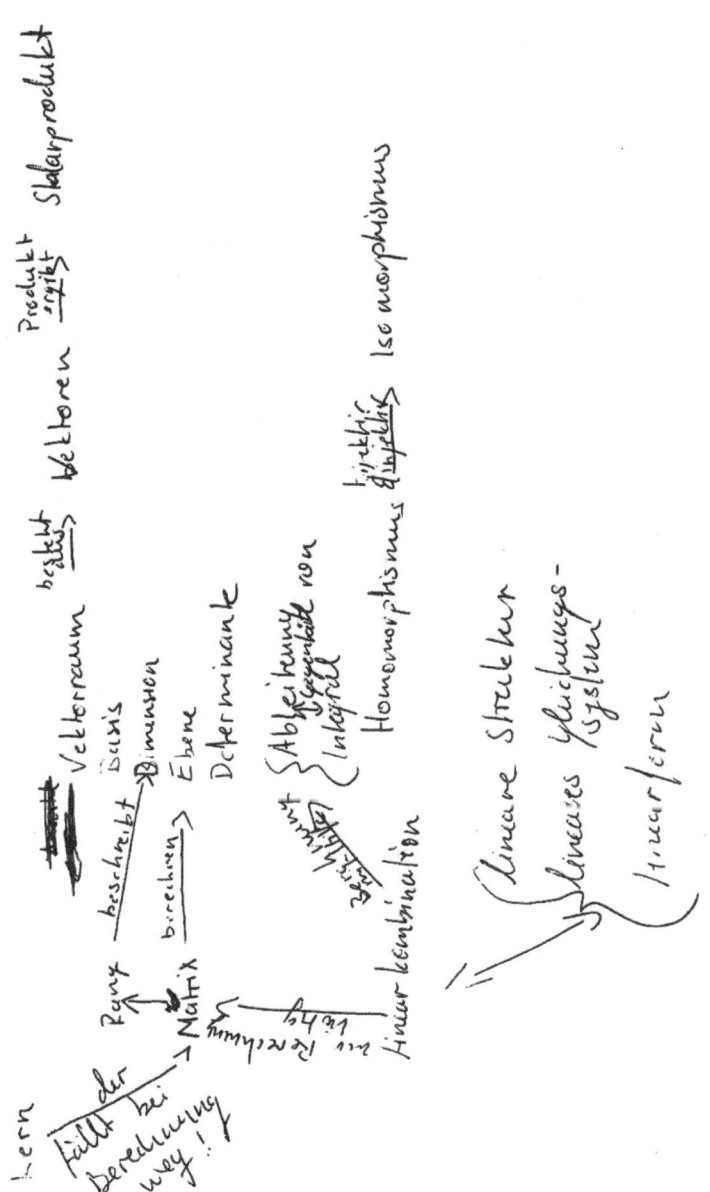

Abb. 5-34: Concept Map „Lineare Algebra" von Kati, Quelle: eigene Darstellung

> „Das sind eigentlich die ganzen Begriffe, die ich so dem ganzen Kapitel da
> so zuordne. Also wenn so Vektorraum und weiß nicht, die Basis, das hatten
> wir in dem Zusammenhang bearbeitet. Dimension, Rang, Ebene, Determi-
> nante, das sind alles Begriffe, die ich da zu dem Thema noch [..] ja zuordne
> Vektorraum." (147ff)

Die Nachfrage, warum sie den Begriff *Ebene* hier einordnet, wird weiter unten auf dieser Seite unter anderem Aspekt aufgegriffen.

Zunächst scheint Kati zur Erklärung der Concept Map diese abzulesen und mit verbindenden Worten anzureichern. Doch dann wird beim Begriff *Determinante* deutlich, dass sie mitdenkt. Sie nimmt dabei eine eher globale Perspektive (Dimensionsausprägung: Makro-Sicht) ein und erreicht mindestens funktionales Begriffsverständnis:

> „Oder ja oder zur Rechnung halt die Determinante und so. [äh] Ja dann, der
> Rang beschreibt die Dimensionen [.] ja und mit Hilfe [...] ach so nee, das
> war gar nicht so. Das ging von der Matrix aus. Genau, mit der Matrix kann
> man die Basis, also mit einer Matrix könnte man die Basis, die Dimension,
> die Ebene und so errechnen praktisch. Ja und mit ner Matrix berechnet man
> [.] ja [..] und [...]" (26ff)

Und wenig später stolpert sie zwar offenbar nicht über *bijektiv* und *injektiv*, aber über die fehlende Kenntnis von Beziehungen:

> „Und[..] ja, halt da steht das ja sowohl bijektiv und injektiv, das ist ein Iso-
> morphismus [.] also wenn nur der, ja wenn der Kern praktisch nur aus dem
> Nullvektor besteht. Oh ja, ungeschickt, dass Kern dann da oben steht. [...]
> [hm] Und [..] ja Ableitung und Integral das hätte da auch"
> Interviewerin: „Da hast du auch einen Pfeil gemacht, von der Linearkombi-
> nation zur Ableitung, zum Integral, was meinst du damit?"
> Kati: „Weiß ich jetzt gar nicht mehr irgendwie. Das verstehe ich jetzt selber
> nicht so ganz [..] aber [4] nein dort unten oder weiß nicht, da hab ich glaube
> ich einfach alle Wörter, die mit linear anfangen, zusammen gepackt." (56ff)

Kati kann die Frage der Interviewerin nicht beantworten, ist aber schon bei benachbarten Begriffen, deren Zusammenstellung sie erkennt und so ihre metakognitiven Fähigkeiten zeigt. Etwas später tritt erneut eine ähnliche Situation auf, als sie nach dem Grund der Einordnung des Begriffs *Ebene* an dieser Stelle gefragt wird:

> „[7] Die Ebenen, also [9] ich kann mir das jetzt mathematisch nicht erklären,
> es ist einfach, dass wir das in dem, ich weiß nicht, das gehört für mich in den
> Zeitraum, in dem wir das gemacht haben.
> Das ist sowieso alles nicht unbedingt so mathematisch, sondern irgendwel-
> che Begriffe, die mir [ ] wo ich, ich weiß nicht, wo ich in Erinnerung hab,

5.4 Fallbeispiel Kati als Prototyp mittleren Grades von unvernetztem Wissen 151

dass wir die so, was weiß ich, im selben Zeitraum behandelt haben, hab ich einfach zusammengeschrieben." (156ff)

Die Frage nach der „linearen Struktur" kann Kati nur auf nominalem Niveau des Begriffsverständnisses beantworten. Die Antwort auf die folgende Frage nach dem Nutzen der Linearen Algebra bleibt zwar vage, ist aber auf eher konzeptionellem Niveau mit globaler Perspektive:

„Also ich denke, dass man also versucht, Dinge, die [.] die man nicht so leicht erklären was heißt erklären, aber so berechnen kann oder so im Leben, dass man da versucht, n Prinzip, oder ja, ne Struktur halt nachzuweisen. So wie das hier auch ist. Und so mit Hilfe von irgendwelchen Rechnungen halt ja erleichtert, da irgendwas zu berechnen. Wir hatten da, glaube ich [..], also die haben ja auch so anwendungsbezogene Aufgaben manchmal, die zeigen das ja auch, irgendwie." (206ff)

Die Frage nach den Zusammenhängen zwischen den bisher behandelten Themen „Analysis" und „Lineare Algebra" kann Kati nur recht oberflächlich beantworten und kommt dann unvermittelt auf eine überraschende Wertung der Unterrichtsmaterialien:

„...dieses Skript jetzt, also lineare Algebra" ist irgendwie anschaulicher, also ich hab das Gefühl, das hat mehr jetzt mit dem [.] ja mit normalem Leben irgendwie zu tun." (245ff)
„ Was heißt anschaulicher, aber es ist [5] ja irgendwie hier da war ja auch das mit dem goldenen Schnitt, das habe ich ja nicht benutzt in meinem, in meiner Concept Map, ab das war ja auch da, um für die Architektur und all so was. Also das sind alles irgendwie so, [..] ja so [.] Dinge praktisch aus dem Leben. Also auch bei den Aufgaben. Also mir kommt das so vor, als wär das also handfester irgendwo, also dass man das auch irgendwo wirklich sieht. Weil ich weiß, in der Analysis hatten wir manchmal so Aufgaben so ja mit [ähm] da ging's irgendwie um Käfer und all so was. Also irgendwie so Sachen, die man nicht sieht [..] irgendwie also die man nicht sehen kann. Also die gibt es vielleicht zwar ja, dann waren da so sehr so chemische Aufgaben mit irgendwelchen Elementen und so. Also das sind ja Dinge, die man nicht sehen kann." (275ff)

Das weist wieder auf visuelle Präferenzen von Kati. Da die „Käfer-Aufgabe" nicht aus der Analysis stammte sondern aus der linearen Algebra, erscheint Katis Wertung auch sehr gefühlsmäßig; sie basiert möglicherweise auf eher aktuellen Eindrücken.

An vielen Stellen des Interviews gelingt es Kati, Fehler bzw. Ungenauigkeiten in der Concept Map zu benennen und teilweise zu korrigieren. Es bleiben aber auch Lücken bestehen und damit beim begrifflichen

Niveau ein relativ hoher Anteil der Dimensionsausprägung nominal. Der wird leicht übertroffen vom Anteil der Dimensionsausprägung funktional, wobei dort Kati überwiegend lokale Perspektive einnimmt.

Zweimal konnten konzeptionelle Aspekte rekonstruiert werden, die unterschiedliche Perspektiven aufweisen. Und gelegentlich zeigen sich metakognitive Aspekte.

Insgesamt reichen die Indikatoren gerade aus, um auch in diesem Themenbereich Kati einen mittleren Grad der Vernetzung zu attestieren – insbesondere, wenn die Umstände der Entstehung der Concept Map berücksichtigt werden.

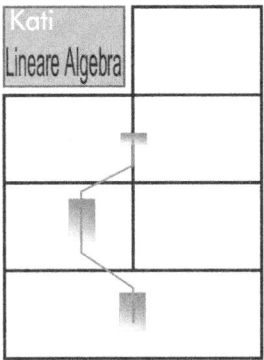

Abb. 5-35: Auswertungs-Boxplot „Lineare Algebra" zu Kati, Quelle: eigene Darstellung

5.4.3 Stochastik

Beschreibung der Stochastik Concept Map

Kati verwendet in ihrer Concept Map 17 der 21 vorgegebenen Begriffe, und fügt 5 Begriffe hinzu:

Nicht verwendet	Funktion • Tennis • Urne • Ziegenproblem
Hinzugefügt:	Häufigkeit • Permutation mW • Permutation oW (jeweils mit Formeln) • Stochastik • Wahrscheinlichkeit

Tabelle 5-8: Begriffe in Katis Concept Map „Stochastik", Quelle: eigene Darstellung

5.4 Fallbeispiel Kati als Prototyp mittleren Grades von unvernetztem Wissen

Die Concept Map kann in vier Bereiche gegliedert werden, die miteinander vernetzt sind:

Unter der Überschrift *Stochastik*, die vermutlich für die gesamte Concept Map gilt, liegt der erste Bereich mit den Begriffen *Wahrscheinlichkeit* und *Wahrscheinlichkeitsmaß* sowie zur Einteilung *bedingte* und *geometrische* Wahrscheinlichkeit.

Links nach unten führt eine Vernetzungskette von *Häufigkeit* über *Zufall*, *Ergebnisraum*, *Daten* und *Struktur* zu *Modellbildung*, der zweite Bereich.

Von dort zeigt ein Pfeil mit der Beschriftung *werden untersucht mit* auf den dritten Bereich mit den Begriffen *Baumdiagramm*, *Pfadregeln*, *Produktregel* und *Hypothesentest*. Dieser Bereich hat eine Bezeichnung, die Kati in die Mitte des durch die Begriffe entstehenden Rechtecks geschrieben hat: *Mittel zur Berechnung*. Von dort führt ein langer Pfeil mit der Aufschrift *führen teilweise zu* nach oben zu *symmetrische Irrfahrt*, ebenfalls Ziel eines Pfeiles aus dem ersten Bereich. Der vierte Bereich erstreckt sich nach unten über *Binomialkoeffizient* zum Begriff *Permutation*, an den die drei Aspekte *Abzählen*, *mit Wiederholung* und *ohne Wiederholung* angefügt sind. Von *symmetrische Irrfahrt* geht ein weiterer Pfeil aus, der auf *Rekursion* zeigt.

Interpretation der Stochastik Concept Map

Die Überschrift *Stochastik* und darunter der Begriff *Wahrscheinlichkeit* ragen optisch aus der Concept Map heraus. Sie sind Kati offenbar wichtig, da sie beide Begriffe selbst hinzugefügt hat.

Die Einteilung der Wahrscheinlichkeit in *bedingte* und *geometrische* scheint auf nominalem Niveau des Begriffsverständnisses zu basieren. Allerdings ist in diesem Punkt weder das Lehrbuch noch die für die Lernenden angefertigte Theorie-Übersicht deutlich genug in der Abgrenzung der Begriffe.

Die rechte Hälfte der Concept Map ordnet kombinatorische Elemente und *Mittel zur Berechnung* dem Begriff *symmetrische Irrfahrt* zu, wobei der Grund für die zentrale Bedeutung dieses Begriffes in der Map nicht deutlich wird und die Beschriftung des Pfeils vom Bereich *Mittel zur Berechnung* mit *führen teilweise zu* nicht sonderlich informativ ist. Eine Ursache ist möglicherweise die Präsenz des Begriffs kurz vor Erstellen der Concept Map im Unterricht.

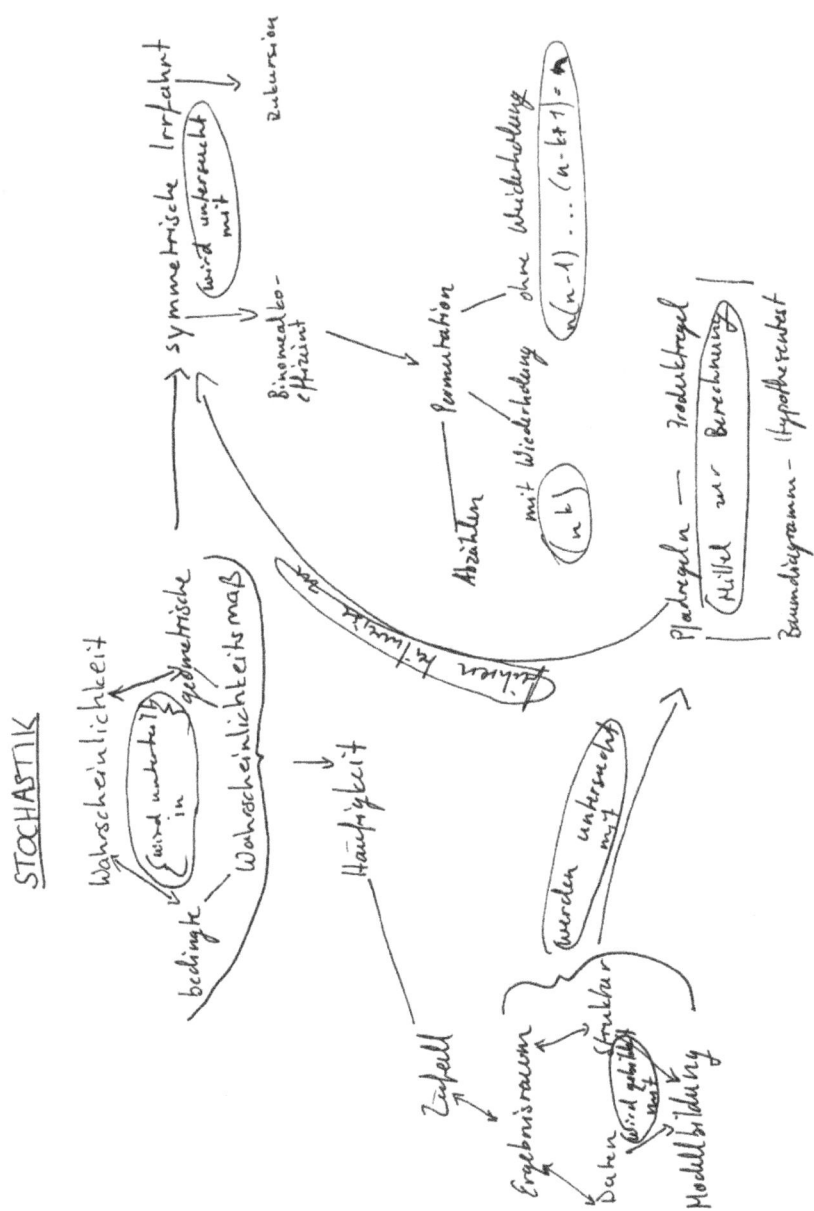

Abb. 5-36: Concept Map „Stochastik" von Kati, Quelle: eigene Darstellung

5.4 Fallbeispiel Kati als Prototyp mittleren Grades von unvernetztem Wissen

Der *Hypothesentest* fällt etwas aus dem Rahmen der *Mittel zur Berechnung*, aber er passt in einem übertragenen Sinn dazu, weil damit Einschätzungen rechnerisch gestützt oder verworfen werden können. Der Bereich „Mittel zur Berechnung" ist zugleich Bindeglied zur linken Hälfte der Map, die mehr die theoretischen Aspekte behandelt: über *Häufigkeit* und *Zufall* mit dem *Wahrscheinlichkeitsmaß* verbunden, führt dieser Teil zur *Modellbildung*, die so sinnvoll verknüpft ist.

Die Beschriftung der Verbindungslinien in beiden Hälften ist spärlich, so dass für die linke Hälfte teilweise konzeptionelles Niveau im Begriffsverständnis nur vermutet werden kann. Die rechte Hälfte weist eher funktionales Niveau auf, denn sie behandelt überwiegend rechnerische Aspekte. Die Unterteilung der *Permutation* ist zusätzlich von Kati aufgenommen worden – mit Angabe der Berechnungsformeln.

Bis auf die geschilderten Einschränkungen beschreibt die Map schlüssig und interessant gegliedert die Zusammenhänge der gegebenen Begriffe. Die offenbar zumeist überlegte Gliederung deutet auf eine vorhandene globale Perspektive.

Interview zu Stochastik

Die drei Dimensionsausprägungen *nominal, funktional* und *konzeptionell* des begrifflichen Niveaus sind zwar gleich häufig codiert, doch umfasst *nominal* insgesamt eine deutlich kleinere Textpassage. Erreicht Kati funktionales oder konzeptionelles begriffliches Niveau, so nimmt sie mehrheitlich eine globale Perspektive ein (Dimensionsausprägung: Makro-Sicht). Gleich zu Beginn des Interviews erläutert sie den linken Teil der Concept Map mit dem Aspekt der prinzipiellen Ermittlung der Wahrscheinlichkeit. Dabei zeigt sie konzeptionelles Niveau des Begriffsverständnisses und nimmt eine globale Perspektive (Makro-Sicht) ein:

> „Wahrscheinlichkeit, also Wahrscheinlichkeit stand gar nicht auf diesen Zetteln, sondern nur Wahrscheinlichkeitsmaß. Und das ist ja eigentlich das, was wir am Ende rauskriegen, weil wir wollen ja irgendwie was haben, was Handfestes praktisch, womit wir jetzt sagen können, wie wahrscheinlich irgendwas ist oder nicht. Und um das irgendwie festzulegen, muss man ja erst mal irgendwelche Daten haben, also irgendeinen Input oder so. Und das ist ja dann eigentlich die Häufigkeit oder der Zufall, also das, was man so an Daten hat. Und dafür hat man ja auch diesen ja Ergebnisraum halt, deswegen hab ich auch Häufigkeit und Zufall des Ergebnisraumes, das sind ja so die drei ja Dinge, die man halt hat, am Anfang, mit denen man halt

arbeiten kann oder so. Und da kann man halt in dem Ergebnisraum die Daten nehmen und versuchen halt irgendwie ne Struktur zu finden, oder ein Modell zu bilden oder so. Halt je nach dem, dass man da ir-gendwie ne Wahrscheinlichkeit auch rauskriegt. Also dass man da nicht nur die Daten hat, sondern da irgend ein System findet, praktisch." (11ff)

Mit überwiegend funktionalem Begriffsniveau und einer globalen Perspektive erläutert Kati anschließend die Beziehung zu dem Block „Mittel zur Berechnung", wobei sie die Sonderrolle des *Hypothesentest* nicht erwähnt:

„Und ja, dann hab ich halt „werden untersucht mit", das sind halt, entstehen halt die Pfadregeln, also die Produktregel, also Baumdiagramm, Hypothesentest, das waren alles so Dinge, die wir halt benutzt haben, um irgend wie 'n Wahrscheinlichkeitsmaß festzulegen. Also wir hatten ja dann irgendwie die Daten in irgend welchen Aufgaben und die haben wir ja dann irgendwie untersucht und versucht, da irgendwie ein System oder irgendwie rauszufinden, dass es da nen Zusammenhang gibt. Also dass das nicht nur Zufall ist, sondern dass es doch eine bestimmte Wahrscheinlichkeit praktisch gibt. Und [ähm] also deswegen hab ich die Pfadregel und Produktregel und alles, was wir da so als ja als Werkzeug praktisch hatten, als Mittel zur Berechnung, so halt als ein Block da so hingeschrieben." (32ff)

Bei der folgenden Beschreibung des rechten Teils der Concept Map hat Kati bei einigen der Begriffe nur noch vage Erinnerungen und erreicht daher dann nur nominales Niveau:

„Binomialkoeffizient, das war ah ja, das war ja das [ähm] mit diesem [.] praktisch mit diesem Bruch ohne Strich. Das haben, das brauchten wir glaube ich auch bei diesen Hypothesentests und so. Haben wir auch damit gerechnet. Deswegen auch der Pfeil. Und [ähm] [...] ja."
Interviewerin: „Und warum der Pfeil von der symmetrischen Irrfahrt runter?" Kati: „Zum Binomialkoeffizienten und so?" Interviewerin: [mhm]
Kati: „[ähm] Das war im Buch irgendwie auch nacheinander." (71ff)

In dem Abschnitt zur Unterrichtseinheit „Computer-Tomographie" relativiert sie den Realitätsbezug, weil ihr die Vorstellung der Zahlenwerte als Graustufen nicht gelingen wollte und weil dem Lehrer medizinische Kenntnisse fehlen:

„Aber das, das sagt mir dann ja auch nicht viel, also auf dem Bild dann bei der Computertomographie selber da wissen die dann ja, so ja das heißt jetzt das und das, das ist jetzt irgendwie anormal oder auch nicht, und wir haben da nur die Zahlen und irgendwie an der Abstufung kann man sich da halt vorstellen, aber das ist dann halt nur so, das ist zwar ne anwendungsbezogene Aufgabe, aber man kann sie nur mathematisch verstehen, weil

5.4 Fallbeispiel Kati als Prototyp mittleren Grades von unvernetztem Wissen

> einem da so das andere Wissen fehlt, also über die Computertomographie selber." (209ff)

Kati zeigt dabei einmal mehr metakognitive Überlegungen, auch und besonders im abschließenden Rückblick des Interviews, in dem sie die Abiturarbeit, die Themenbereiche und deren Beziehungen einschätzt und schließlich noch sich selbst:

> „Also ich glaub schon, dass das relativ schwer war, oder so. Aber ich glaub nicht, dass das halt nicht zu meistern war, also ich denke, wenn man sich ordentlich drauf vorbereitet hat und halt auch im Unterricht alles mitbekommen hat und so, dann kann man das schon schaffen. Aber das Problem ist, dass diese drei Semester, die ersten drei, also schon so wirklich aufeinander aufbauen. Also auch Analysis und lineare Algebra, die sind ja, die ham ja auch viel miteinander zu tun, das ist ja nicht wie jetzt mit der Stochastik, dass das da ein ganz [..] also ein eigenes Thema so für sich ist. Und das ist dann halt schwer, wenn man was verpasst hat oder so, dann halt die Zusammenhänge zu verstehen oder da auch wirklich gezielt nachzuholen. Ja, man weiß dann gar nicht, wo man anfangen soll, oder was man da machen soll. Aber das kann, daran kann Herr Euba nichts ändern, also da ist es jedem selber überlassen." (248ff)
>
> „...Mathe weiß ich selber, woran es lag. Also in dem Fach lag es wirklich an mir und dass ich da halt viel verpasst hab und halt vieles auch nicht unbedingt nachgeholt hab, oder auch nicht nachholen konnte, weil dann irgendwie auch der Bezug damals dazu fehlte, also weil das wirklich so aufeinander aufbaut." (318ff)

Das letzte Zitat enthält eine Selbsteinschätzung, die mit der Beschreibung dieses Interviews (und auch der vorangehenden zwei) weitgehend übereinstimmt: Kati zeigt an einigen Stellen, dass sie hohes begriffliches Niveau erreichen kann und dabei eine globale Perspektive einnimmt. Die Dimensionsausprägungen konzeptionell und funktional treten aber auch zusammen mit der Dimensionsausprägung Mikro-Sicht („lokale Sicht") auf, auch wenn die globale Perspektive hier etwas häufiger auftritt.

Hinzu kommen einige metakognitive Aspekte, besonders im Rückblickteil des Interviews.

Andererseits gibt es – allerdings nur im ersten Teil des Interviews – auch Begriffe, deren Bedeutung und Einordnung Kati allenfalls ansatzweise klar sind.

Diese Indikatoren bedingen die Einordnung von Kati als Prototyp für „mittlerer Grad der Vernetzung".

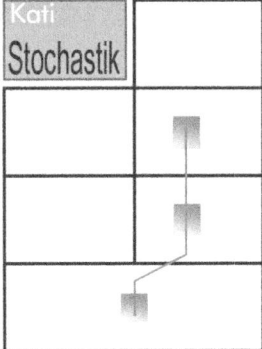

Abb. 5-37: Auswertungs-Boxplot „Stochastik" zu Kati, Quelle: eigene Darstellung

5.4.4 Typeneinordnung

In allen drei Interviews wurden Indikatoren für den Prototyp „mittlerer Grad der Vernetzung" rekonstruiert, wobei sie in verschiedenen Ausprägungen ein mittleres begriffliches Niveau erreicht und dabei etwa zur Hälfte eine globale bzw. lokale Perspektive einnimmt.

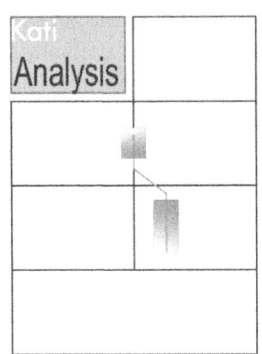 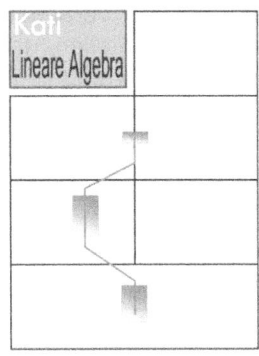 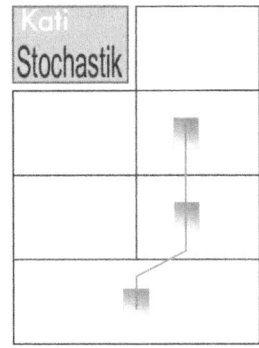

Abb. 5-38: Zusammenschau der Auswertungs-Boxplots zu Kati, Quelle: eigene Darstellung

Der schwächste Themenbereich ist Lineare Algebra, bei dem im begrifflichen Niveau die Dimensionsausprägung funktional mit eher lokaler

5.4 Fallbeispiel Kati als Prototyp mittleren Grades von unvernetztem Wissen

Perspektive überwiegt und ein kleiner Anteil der Dimensionsausprägung konzeptionell mit gemischten Perspektiven einem größeren Anteil der Dimensionsausprägung nominal gegenübersteht. Allerdings kann Kati im Interview etliche Ungenauigkeiten und Fehler in der Concept Map benennen, manche auch korrigieren.

Der stärkste Themenbereich ist Stochastik, in dem im begrifflichen Niveau die Dimensionsausprägungen funktional und konzeptionell bei mehrheitlich globaler Perspektive etwa gleichberechtigt rekonstruiert werden konnten. Dem steht allerdings auch ein großer Anteil der Dimensionsausprägung nominal gegenüber, der ausschließlich in dem die Concept Map betreffenden Teil des Interviews auftritt.

In allen drei Interviews zeigen sich metakognitive Aspekte.

In der Entwicklung der Concept Maps von Kati muss wegen der irregulären Entstehung (s.o.) die zweite Concept Map ausgeklammert werden. Dabei erscheint die Strukturierung in der dritten Concept Map konsistenter als in der ersten, es gibt auch eine deutlichere Cluster-Bildung. Nicht geändert hat sich die eher seltene Beschriftung der Verbindungspfeile.

Concept Map 1   Concept Map 2   Concept Map 3

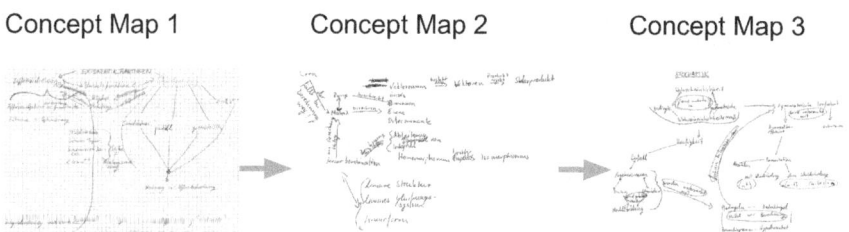

Abb. 5-39: Zusammenschau der Concept Maps von Kati, Quelle: eigene Darstellung

Auffällig besonders in den Interviews zu den Themenbereichen Lineare Algebra und Stochastik ist Katis souveräner Umgang mit den dort zugrunde liegenden Concept Maps, der es ihr oftmals erlaubt, unglückliche Anordnungen und Fehler zu benennen und manchmal zu korrigieren.

Die rekonstruierten Induktoren lassen vermuten, dass Kati das Potenzial hat, sich ein vernetztes Wissen anzueignen. Einige der Indikatoren (z.T. relativ hoher nominaler Anteil, relativ geringer konzeptioneller Anteil und keine multidimensionalen Aspekte) lassen dies für den betrachteten Zeitraum jedoch nicht zu. Daher wird sie als Prototyp „mittlerer Grad der Vernetzung" („Mischtyp") eingeordnet:

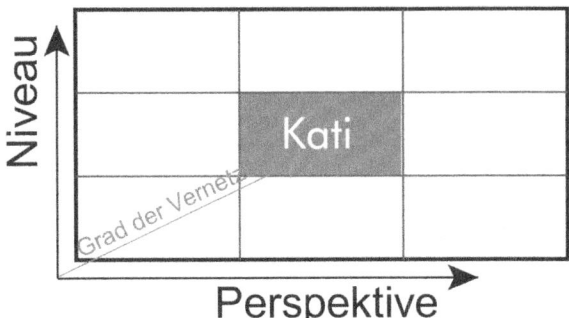

Perspektive auf das Wissen: Mikro- und Makro-Sicht
Begriffliches Niveau: Elemente von funktionalem und konzeptionellem Wissen

Abb. 5-40: Kati als Prototyp mittleren Grades von vernetztem Wissen,
Quelle: eigene Darstellung

5.4.5 Überprüfung

Die Bewertungen der drei Klausuren zum Themenbereich „Lineare Algebra" nehmen beständig ab, die Tests sind zufriedenstellend.

Die zur Überprüfung ausgewählten Aufgaben hat Kati in allen drei Klausuren nur teilweise bearbeitet (zweimal fehlen Beispiele), eine Teilaufgabe ist grob fehlerhaft. Je eine Teilaufgabe der Klausuren löst sie mit funktionalem und auch konzeptionellem begrifflichem Niveau und nimmt dabei eine globale Perspektive ein. So schreibt sie zu folgender Aufgabenstellung:

1. Im letzen Kapitel des Skripts zum Thema „Lineare Algebra" haben wir uns mit „Linearformen" beschäftigt.
    a) Eine spezielle Linearform ist der Homomorphismus, den wir auch strukturerhaltende Abbildung genannt haben.
    Erläutern Sie, zwischen welchen Mengen diese Abbildung wirkt (Urbildmenge, Bild- oder Zielmenge) und wie dieser Name zu verstehen ist, also welche Strukturen erhalten bleiben.

    „Ein Homomorphismus ist eine strukturerhaltende Abbildung zwischen V und V', also der Urbildmenge und der Bildmenge. Bei dieser Art der Abbil-

5.4 Fallbeispiel Kati als Prototyp mittleren Grades von unvernetztem Wissen

dung bleiben bis auf die Unabhängigkeit in jedem Falle alle Eigenschaften erhalten. Abgeschlossenheit bezüglich plus und mal bleibt auch erhalten. Nur die Unabhängigkeit bleibt nicht in jedem Falle erhalten, weil der Kern beim Homomorphismus mehr Vektoren als den Nullvektor erhalten kann. Somit werden bei der Abbildung unter Umständen mehr Vektoren verloren gehen. Wenn der Kern nur aus dem Nullvektor besteht und die Unabhängigkeit erhalten bleibt, handelt es sich um eine Sonderform des Homomorphismus, der bijektiv ist [letzte Zeile auf Kopie nicht lesbar]".

In ihren Ausführungen erreicht Kati teilweise auch konzeptionelles Niveau, die eingenommene Perspektive ist global, was aber der Aufgabenstellung entspricht.

Die ausgewählten Aufgaben in den beiden vorliegenden Tests hat sie alle bearbeitet, jedoch auf unterschiedlichem Niveau.

Die Vorabiturklausur ist nur mit 4 Punkten bewertet, das ist zusammen mit einem Mitschüler die schlechteste Klausur im Vorabitur. Die ausgewählte Teilaufgabe hat Kati nicht bearbeitet.

Zum Thema „Stochastik" sind Test und Klausur gut, die ausgewählten Aufgaben hat sie jeweils nur teilweise auf unterschiedlichem Niveau bearbeitet. So entwirft sie die zwei unten stehenden Concept Maps zur Übersicht zum Stochastik-Unterricht; die erste mit wenigen z.T. zentralen Begriffen, die konzeptionelles Niveau des Begriffsverständnisses erreichen könnten, wenn die Verbindungen geeignet beschriftet wären; die zweite mit vielen Begriffen, weit überwiegend zu rechnerischen Aspekten, die zumeist funktionales Begriffsniveau erreicht bei globaler Perspektive:

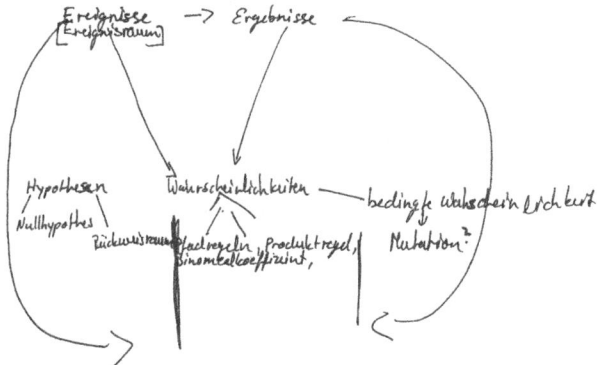

Abb. 5-41: Concept Map 1 „Stochastik" von Kati, Quelle: eigene Darstellung

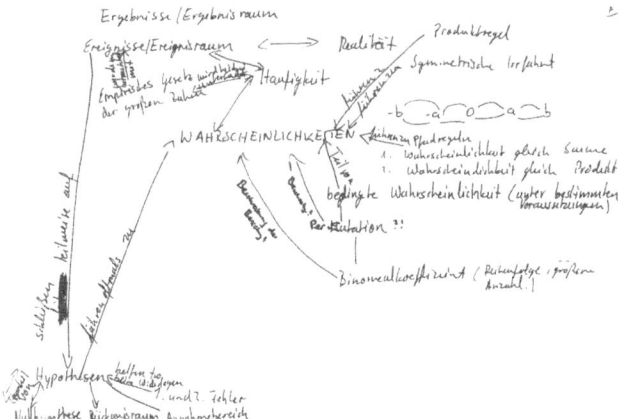

Abb. 5-42: Concept Map 2 „Stochastik" von Kati, Quelle: eigene Darstellung

Die Antworten zum Fragebogen sind in ihrer Kürze schwer einzuschätzen. Zusammen mit den letzten Äußerungen im 3. Interview (S. 159, 318ff) ergeben die Auswertungen der ausgewählten Teilaufgaben kein grundsätzlich anderes Bild als jenes in der Typeinordnung. Der generierte Prototyp steht daher nicht im Widerspruch zu den Klausur- und Test-Ergebnissen hinsichtlich der ausgewählten Aufgaben.

5.5 Fallbeispiele Sarah und Paddy als abweichende Fälle

In der zur Darstellung von generierten Typen verwendeten Neunfeldertafel gruppieren sich die ausführlich behandelten Prototypen sowie zwei weitere Schülerinnen und Schüler entlang der Hauptdiagonalen. Zwei der neun Felder konnten aufgrund von theoretischen Überlegungen nicht auftreten (siehe 4.2, S. 57). Zwei der vier noch offenen Felder werden von einer Schülerin und einem Schüler „belegt". In diesen Fällen müsste also begriffliches Niveau und Perspektive auf das Wissen ein gewisses Maß an Unabhängigkeit aufweisen.

Auf diese beiden Fallbeispiele gehe ich nun kurz ein:
Bei den Dimensionsausprägungen des begrifflichen Niveaus von **Sarah** herrscht weitgehend „funktional" vor mit „Mikro-Sicht" (Dimensionsausprägung der Perspektive auf das Wissen). Bei der Dimensionsauspra-

5.5 Fallbeispiele Sarah und Paddy als abweichende Fälle

gung „konzeptionell" halten sich zunächst die „Makro- und Mikro-Sicht" im Schnitt die Waage, im 3. Interview überwiegt die „Makro-Sicht". Allerdings ist dort und im 2. Interview der nominale Anteil relativ groß.

Bei Sarah konnte so ein mittleres begriffliches Niveau bei enger Perspektive (überwiegend Mikro-Sicht) rekonstruiert werden.

Das folgende Zitat stammt aus dem ersten Interview zum Thema Analysis. Auf die Frage der Interviewerin, was sie mit dem Integralbegriff verbinde, nennt Sarah zwei Grundvorstellungen (*Flächenmaß* und *Reihe* – gemeint ist offenbar *Summe*), wobei sie die Grundvorstellung *Summe* hinsichtlich der Integration nicht erklären kann. Zum Abschluss erwähnt sie noch die *Stammfunktion*, bei der sie mit der Beklammerung nur auf die Schreibweise eingeht. Die Umkehrung der Differentialrechnung hatte Sarah schon einige Minuten davor erwähnt (219ff).

Da keine Verbindungen der genannten Begriffe erwähnt werden, ist „Mikro-Sicht" der Indikator für die Perspektive auf das Wissen. Da die Erläuterung der Begriffe *Reihe / Summe* nicht gelingt und bei Stammfunktion lediglich die Darstellung betrifft, ist „funktional" der Indikator für das begriffliche Niveau.

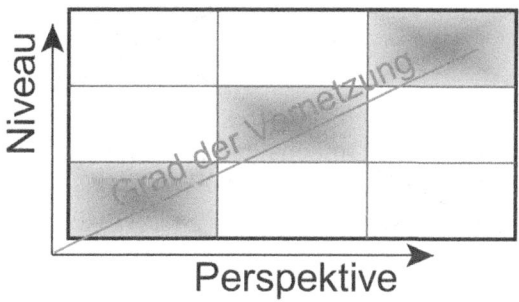

Abb. 5-43: Grad der Vernetzung zwischen Niveau und Perspektive,
Quelle: eigene Darstellung

Interviewerin (I): „... was verbindest du mit dem, dem Integralbegriff?"

S: „[ähm] Ja, erst mal Flächenberechnung." I: [mhm]

S: „[äh] Dann Reihen mit, also [..] ja ich weiß nicht, wie ich das jetzt sagen soll. Also [ähm], ja, verschiedene Reihen und [ähm] Gott, wie war das denn noch? Wo [.] was weiß ich, jede Zahl irgendwie plus ne andere soll, also was das jetzt ergibt, oder so. Also Summen miteinander und [..], ja, das Integralzeichen war ja auch so was wie so n Summenzeichen." I: [mhm]

S: „[ähm] Ja, dann Stammfunktion, also wie man das berechnet, mit diesen eckigen Klammern." (251 ff)

Im zweiten Interview zur Linearen Algebra wurden die Indikatoren „nominal", „funktional" und „konzeptionell" für das begriffliche Niveau etwa gleich häufig rekonstruiert, in der Perspektive auf das Wissen überwiegt die Dimensionsausprägung „Mikro-Sicht".

Das folgende Zitat zeigt zunächst konzeptionelle Aspekte (bei einer sehr schweren Frage), dann werden in der Antwort auf eine Nachfrage eher nominale Aspekte sichtbar:

I: „...Was verbindest du mit dem Begriff lineare Struktur?"

S: „Ja, ich würde damit verbinden eher strukturerhaltend, weil, ja, so direkt [...] weiß nicht, auf jeden Fall, dass, dass die lineare Struktur [ähm] ja wieder hier beim [] zwischen dem, zwischen Abbildung und Homomorphismus würde ich das irgendwie so einordnen, dass die halt erhalten bleibt. So wie Summe, Produkt und die ganzen Sachen, die da halt erhalten bleiben."

I: [mhm] „Und [äh] was verbindest du jetzt mit dem Begriff linear konkret?"

S: [5] „Ich weiß nicht, ich würde es eher auf den Begriff mit dieser Struktur, also, dass halt eine bestimmte Struktur vorhanden ist, die diese Abbildung, oder auch sonst, die etwas genau definiert. Und wenn jetzt irgendeine kleine Sache sich än-dern würde, wäre die Struktur halt nicht mehr die gleiche. Also ich würde das eher auf die Struktur beziehen als auf dieses linear."
(155ff)

Im dritten Interview zur Stochastik sind fast so viele Passagen als „nominales begriffliches Niveau" rekonstruiert worden wie „konzeptionelles", es überwiegt jedoch wieder „funktionales begriffliches Niveau" bei „Mikro-Sicht". Dieser Sachverhalt zieht sich durch alle drei Interviews.

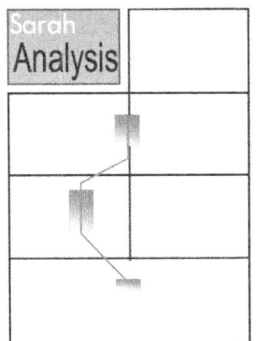 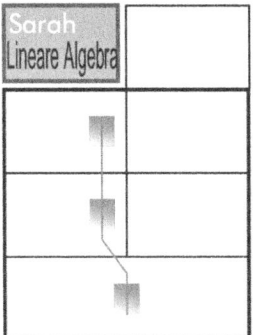 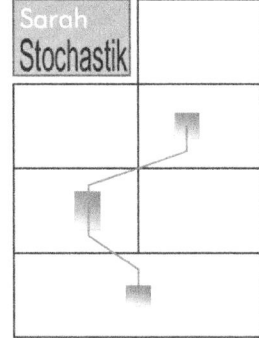

Abb. 5-44: Zusammenschau der Auswertungs-Boxplots zu Sarah, Quelle: eigene Darstellung

5.5 Fallbeispiele Sarah und Paddy als abweichende Fälle

Begriffliches Niveau und Perspektive auf das Wissen sind bei Sarah offenbar nicht unabhängig von einander, sondern bestimmt vom begrifflichen Niveau: konzeptionelles Niveau weist eher eine weite Perspektive auf (Makro-Sicht) als funktionales Niveau.

Sarah erreicht also im Schnitt „mittleres begriffliches Niveau" und überwiegend „Mikro-Sicht als Perspektive auf das Wissen"; sie wird daher als „Mischtyp" eingruppiert.

Im dritten Interview kritisiert Sarah, dass das verwendete Lernbuch Vernetzungen erschwere wegen der Mikro-Sicht und unstrukturiertem Aufbau (35 ff): Es scheint so, dass Sarah auf dem Weg zu höheren Graden der Vernetzung ist.

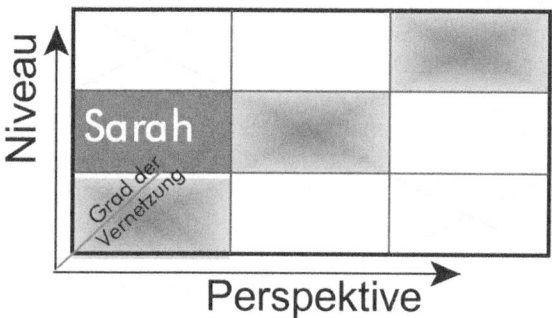

Abb. 5-45: Grad der Vernetzung bei Sarah, Quelle: eigene Darstellung

Bei den Dimensionsausprägungen des begrifflichen Niveaus von **Paddy** kommt „konzeptionell" selten vor, „nominal" war fast so oft zu rekonstruieren wie „funktional". Bei den Dimensionsausprägungen der Perspektive auf das Wissen treten „Makro- und Mikro-Sicht" etwa gleich oft auf.

Das sind Indikatoren für ein niedriges begriffliches Niveau bei mittlerer Perspektive (beides: Makro-und Mikro-Sicht).

Das folgende Zitat aus dem ersten Interview zum Thema Analysis ist für Paddy typisch:

> I: „Was verstehst du oder was verbindest du mit dem Ableitungsbegriff? Wenn du möchtest, kannst du das aufschreiben."
> S: „Nö, das ist zu umständlich. Was ich damit verbinde. [ähm] Viele Sachen. Also z.B., ich weiß jetzt nicht ob, soll ich das jetzt mathematisch so mit wegen was das sein soll, mit Beschleunigung oder so was in der Art?"

> I: „Ja, wie du willst. Sag einfach, was dir dazu einfällt."
> S: „Was mir dazu einfällt. Also wir haben das so gelernt, dass z.b. die Ableitung der lokale Änderungswert ist [ähm] z.b. oder auch die Beschleunigung. Mit der Ableitung kann man [äh] bestimmte Sachen ausrechnen, die zur Kurvendiskussion notwendig sind, wie z.b. den Wendepunkt, Extremwert etc. Damit kann man alles mit Ableitung berechnen, die auch für Integralrechnung sowie für Differentialrechnung notwendig sind. Ja, das ist eigentlich das, was mir dazu einfällt." (146ff)

Die Aussagen von Paddy sind teilweise recht vage. So ist die Beschleunigung irgend eine Ableitung. „Alles mit Ableitung" ist offenbar nicht dasselbe wie Differentialrechnung.

Die passende Dimensionsausprägung für das begriffliche Niveau ist „funktional", weil allenfalls in nicht ausgesprochenen Ansätzen prinzipielle Facetten der genannten Begriffe vorliegen. Für die Perspektive auf das Wissen ist die passende Dimensionsausprägung „Makro-Sicht", denn es werden ja einige passende Begriffe genannt.

Unmittelbar nach der oben abgedruckten Passage des Interviews fragt die Interviewerin nach: *„Du sagtest ja, dir fällt ganz viel dazu ein."* Darauf fällt Paddy aber nichts ein außer der häufigen Verwendung der Ableitung im Mathematikunterricht.

Im zweiten Interview zur Linearen Algebra fallen im Teil zur Concept Map viele Textstellen auf, zu denen hinsichtlich des begrifflichen Niveaus die Dimensionsausprägung „nominal" passt. Daneben gibt es aber etwa ebenso viele Passagen mit funktionalem begrifflichem Niveau. Zur Perspektive auf das Wissen sind beide Dimensionsausprägungen etwa gleich häufig.

Die folgende Textstelle ist mit jener bei Sarah abgedruckten vergleichbar, allerdings hat die Interviewerin diesmal nicht rückgefragt... Bei der Perspektive „Makro-Sicht" zeigt sich funktionales begriffliches Niveau mit konzeptionellen Aspekten:

> I: [ähm] „Was verbindest du mit dem Begriff lineare Struktur, was verstehst du unter dem Begriff lineare Struktur?
> S: „Lineare Struktur, dass [ähm] gewisse Sachen erhalten bleiben, jetzt bezogen z.B. auf Homomorphismus, Summe, Produkt, invers, abhängig und solche Sachen. Ja. Das sind für mich lineare Strukturen, dass halt, wenn man irgendwas, n Rechenvorgang, dass dann immer noch Sachen erhalten bleiben. Das ist dann Linearität, glaube ich [L] ja." (137 ff)

Im dritten (und letzten) Interview sind die Dimensionsausprägungen der Perspektive auf das Wissen wieder gleich häufig bei überwiegendem

5.5 Fallbeispiele Sarah und Paddy als abweichende Fälle 167

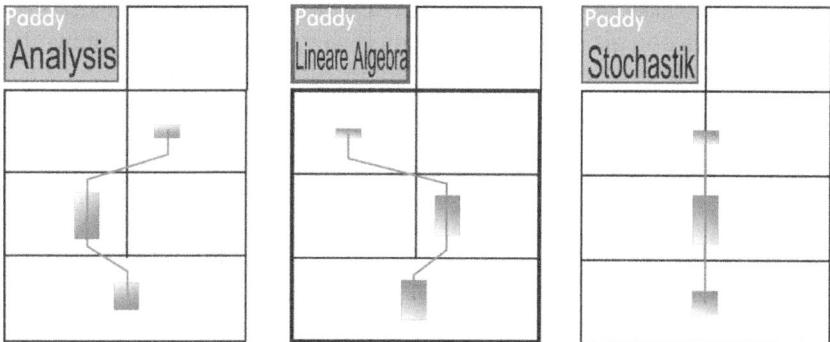

Abb. 5-46: Zusammenschau der Auswertungs-Boxplots zu Paddy,
Quelle: eigene Darstellung

funktionalem begrifflichem Niveau. Auffällig ist, dass Paddy in diesem Interview mehrfach Erklärungen in längeren Textpassagen formulieren kann. Der Anteil an nominalem begrifflichem Niveau ist noch immer relativ hoch, aber es gibt auch zwei Passagen, zu denen die Dimensionsausprägung „konzeptionell" passt. Eine davon ist:

> „Bei der bedingten Wahrscheinlichkeit, wie das der Name schon sagt, ist [ähm] die Wahrscheinlichkeit abhängig von einer Vorbedingung. Und diese Vorbedingungen sind meistens Daten, die dann schon gegeben sind, und auf die man sich dann beziehen muss oder auch die man berücksichtigen muss." (78 ff)

Die geschilderten Indikatoren führen insgesamt zu einer „mittleren Perspektive" auf das Wissen und zu einem „geringen begrifflichen Niveau".

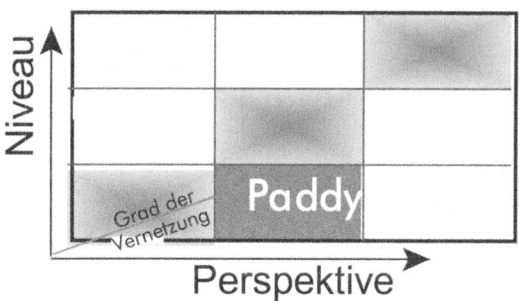

Abb. 5-47: Grad der Vernetzung bei Paddy. Quelle: eigene Darstellung

Letzteres hat seine Ursache z.B. in den vergleichsweise vielen Textpassagen, deren Niveau als „nominal" eingestuft werden musste. Das entwertet die wenigen als „konzeptionell" eingestuften Textpassagen.

Paddy ist also, wenn man so will, der zu Sarah „gespiegelte Mischtyp": „geringes begriffliches Niveau" bei einer „mittleren Perspektive".

6 Unterrichtliche Relevanz der Studie und mögliche Konsequenzen

In diesem letzten Kapitel wird ein Ausblick gegeben, in dem die Relevanz der Studie für die Schulpraxis sowie Möglichkeiten der Erhebung von Vernetzungen des mathematischen Wissens bei den Lernenden deutlich werden. Dazu wird ein kurzer Evaluationsbogen zur Erhebung der kognitiven Struktur der Lernenden vorgestellt, der geeignet erscheint, individuell durch die Lernenden konstruierte Vernetzungen mathematischen Wissens im Unterricht zu fördern und zu evaluieren.

6.1 Unterrichtliche Relevanz der Studie

Im folgenden Kapitel wird die Relevanz der Studie für die Schulpraxis diskutiert und es werden mögliche Konsequenzen aus der Arbeit diskutiert. Eine zentrale Konsequenz aus der Studie muss m.E. die Einsicht bei den Lehrkräften sein, dass zur Vermeidung des sog. „Schubladendenkens" bei Schülerinnen und Schülern explizit Angebote zur Vernetzung mathematischen Wissens, ggf. nicht nur beschränkt auf den kognitiven Bereich, wie in meiner Studie, zu unterbreiten sind. Dabei kann und sollte nicht davon ausgegangen, dass Lernende diese angebotenen Vernetzungen in einer quasi vorgedachten Art realisieren. Vielmehr muss berücksichtigt werden, dies wird in meiner Studie deutlich, dass Vernetzungen individuell konstruiert werden und gleiche Vernetzungsangebote zu völlig unterschiedlichen Vernetzungen der verschiedenen Themengebiete führen können. Dabei sind diese individuell konstruierten Vernetzungen einerseits von der mathematischen Leistungsfähigkeit abhängig, andererseits auch von individuellen Vorlieben, vermutlich von mathematischen Vorlieben sowie von dem präferierten mathematischen Denkstil (Borromeo Ferri 2004) bzw. vom Umgang mit dem Sachkontext (Busse 2009). Wichtig bei der Förderung von Vernetzungen scheint der Ansatz des entdeckenden Lernens mathematischer Inhalte zu sein, d.h. dass die Schülerinnen und Schüler möglichst viele mathematische Inhalte selbst entdecken können, da damit die Lernenden selbst Vernetzungsangebote entwickeln und für sich selbst umsetzen können. Für die gymnasiale Oberstufe weist Hussmann (2003) an mehreren Stellen direkt und indirekt darauf hin, dass dies Selbst-Entdecken auch den Schülerinnen und Schülern Vernetzungen anbietet und ermöglicht. Bei meiner Arbeit mit „Reisetagebüchern" in den Klassen 5 und 6 des Gymnasiums (siehe Euba 2006) habe ich vielfach eine hohe Phantasie bei beim Umgang mit mathematischen Problemen und Lösungsentwicklungen erlebt. Kreativität ist nach Weth (1999) jedoch notwendig für Vernetzungen, worauf ich bereits hingewiesen habe. Ein wichtiges Werkzeug, um Vernetzungen zu fördern, sind Concept Maps. Dabei können Concepts Maps zwei Funktionen wahrnehmen: Sie können einerseits individuelle Vernetzungen bei den Lernenden fördern, indem die Lernenden sich über mögliche Beziehungen zwischen den einzelnen mathematischen und außermathematischen Themenstellungen bewusst werden bzw. bewusst Beziehungen herstellen. Zum anderen können mittels von den Lernenden hergestellten Concept Maps die Lehrkräfte evaluieren, inwieweit die Lernenden Vernetzungen zwischen den vermittelten unterrichtlichen Inhalten hergestellt haben und welcher Art diese Vernetzungen sind. Auf diesen Aspekt der unterrichtlichen Förderung von Vernetzungen durch Concept Maps will ich im nächsten Abschnitt genauer eingehen und eine kleine Fallstudie dazu vorstellen. Zentral ist in diesem Zusammenhang, dass sich die Lehrperson von der Vorstellung von „falschen" oder „richtigen" Vernetzungen lösen muss und die Individualität und Subjektgebundenheit von Vernetzungen akzeptieren muss. Hierin sehe ich einen großen Lernprozess, den Lehrkräfte durchlaufen müssen, um wirklich im und durch Unterricht Vernetzungen bei Lernenden zu initiieren.

6.2 Fallstudien zur Evaluation von Vernetzungen

Abschließend soll der Frage nachgegangen werden, wie praktizierende Lehrpersonen unter dem Druck unterrichtlicher Verpflichtungen evaluieren können, inwieweit die Schülerinnen und Schüler die angebotenen mathematischen und außermathematischen Inhalte vernetzt haben und um welchen Typ von Vernetzung es sich bei seinen Schülerinnen und Schülern handelt, dies ist – worauf ich beim Fall Peter hingewiesen habe – nicht immer eindeutig. Ich habe dazu einen kurzen unterrichtlich praktikablen Evaluationsbogen entwickelt, der zum einen Möglichkeiten enthält, durch den expliziten Einsatz von Concept Maps einen Beitrag zur Anregung von Vernetzungsaktivitäten kognitiver Art zu leisten, gleichzeitig aber auch als Evaluationsbogen dazu geeignet ist, festzustellen, über welche Vernetzungen Lernende verfügen. Diesen Evaluationsbogen habe ich in

6.2 Fallstudien zur Evaluation von Vernetzungen

verschiedenen Klassenstufen fallstudienartig eingesetzt und ich werde im Folgenden die Ergebnisse dieser Fallstudie in Klasse 6 ausführlicher dokumentieren und in Klasse 11 nur skizzieren.
Die Fallstudie zur Evaluation von Vernetzungen habe ich in der Klasse einer Stadtteilschule in Hamburg durchgeführt. Ich habe dazu für die Klasse 6 einen Arbeitsauftrag zur Erstellung einer Concept Map erstellt, wobei die Lernenden zwischen 20 und 60 Minuten für den Evaluationsbogen benötigten. Der Evaluationsbogen enthielt auf der Vorderseite eine Handlungsanweisung zur Erstellung einer Concept Map zu Begriffen, die sich auf den vorherigen Unterricht bezogen mit ausreichend Platz zur visuellen Gestaltung der Concept Map, auf der Rückseite sollten die Lernenden zu zwei gegebenen Begriffen ihre Gedanken frei aufschreiben.

Evaluationsbogen, Klasse 6

Du erhältst 10 Kärtchen mit 10 verschiedenen Begriffen der Mathematik: Volumen • Säulendiagramm • Winkel • Bruch • Koordinatensystem • Umfang • Wahrscheinlichkeit Zahlenstrahl • Flächeninhalt • Multiplikation

- Lege die Begriffe, die nach deiner Meinung eng zusammengehören, dicht beieinander.
  Begriffe, die nach deiner Meinung nicht viel miteinander zu tun haben, lege entfernt voneinander.

- Übertrage die Begriffe und ihre Lage in unten abgebildeten Kasten.

- Ziehe um zusammengehörige Begriffe eine geschlossene Linie.
  Überlege dir eine passende Überschrift für diese Begriffe.

- Zeichne zwischen Begriffen, die etwas miteinander zu tun haben, Verbindungslinien.
  Beschrifte diese Verbindungslinien geeignet.

- Du darfst bis zu zwei Begriffe hinzufügen, die nach deiner Meinung für den Zusammenhang wichtig sind.

6. Unterrichtliche Relevanz der Studie und mögliche Konsequenzen

Frage ①: Was verbindest du mit dem Begriff Säulendiagramm?
Schreibe einen kurzen Text:

Antwort _____

Frage ②: Was verbindest du mit dem Begriff Multiplikation?
Schreibe einen kurzen Text:

Antwort _____

Beschreibung und Deutung des Inhalts der Concept Maps

Der freie Text wird ausgewertet mit Hilfe einer Evaluationstabelle, die Kriterien enthält, die auf den oben generierten Vernetzungs-Typen basiert. Da die Evaluation von Vernetzungen im Mathematikunterricht in der Regel eher zeitnah zur Behandlung im Unterricht durchgeführt werden wird, sind die von der Lehrperson intendierten Vernetzungen relevant. Dazu empfiehlt es sich von Seiten der Lehrperson, eine Concept Map zu erstellen, um den Erwartungshorizont abzustecken und die Concept Maps der Schüler und Schülerinnen besser evaluieren zu können, wobei die von der Lehrperson erstellte Concept Map nicht als besser oder gar als die einzig richtige Concept Map angesehen werden darf.

Evaluationstabelle

Intendierte Vernetzung	Koordinatensystem (mit Schatzsuche)		
auftretendes Muster	Säulendiagramm, Zahlenstrahl Umfang, Volumen, Flächeninhalt		
zeitliche Nähe	Säulendiagramm mit Zahlenstrahl		
eigene Vernetzungen			
Niveau	☐ niedrig	☐ mittel	☐ hoch
Perspektive	☐ Mikro-Sicht	☐ beides	☐ Makro-Sicht
Bemerkungen			

Tabelle 6-1: Evaluationstabelle, Quelle: eigene Darstellung

6.2 Fallstudien zur Evaluation von Vernetzungen

Evaluationsbeispiele Klasse 6

Im Folgenden gebe ich nun exemplarisch einige Concept Maps der beteiligten Schülerinnen und Schüler wieder und evaluiere diese mit dem entwickelten Instrument.

Schüler(in) A: Concept Map 1

Abb. 6-1: Schüler(in) A: Concept Map 1, Quelle: eigene Darstellung

Die freien Antworten zu den Fragen dienten als Hilfe zur Beschreibung und Deutung der Inhalte der Concept Map, im Folgenden die Antworten des Lernenden:

Frage ①: Was verbindest du mit dem Begriff Säulendiagramm? Schreibe einen kurzen Text:

„Ich verbinde mit dem Begriff Säulendiagramm ganz viele bunte Diagramme, die anzeigen, wie viele Leute z.B. Pizza mögen."

Frage ②: Was verbindest du mit dem Begriff Multiplikation? Schreibe einen kurzen Text:

„Ich verbinde mit dem Begriff Multiplikation ganz viel rechnen, z.B. 4×5 = 20, 1×1 = 1."

Beschreibung und Deutung des Inhalts der Concept Map

Die Concept Map besteht aus fünf umrandeten Clustern mit Überschriften, es sind maximal drei Begriffe in einem Cluster. Der Inhalt der Clusters „Rechnen" deutet auf konzeptionelles Niveau hin, insbesondere in der Verbindung des abstrakten Begriffs *Wahrscheinlichkeit* mit den beiden Begriffen *Bruch* und *Multiplikation*, die zur rechnerischen Konkretisierung beitragen. Die Überschrift und die Beschriftung der Verbindungslinie zum Cluster „Quadrate", die beide das Rechnen betonen, weist eher auf funktionales begriffliches Niveau. Die geschilderte Verbindungslinie ist die einzige in der Concept Map, die restlichen drei Cluster stehen isoliert, einer enthält zwei Begriffe, die beiden anderen je einen Begriff.

Dieser Teil der Concept Map weist daher eine Perspektive in Mikro-Sicht auf.

Im Cluster „Diagramme" stehen die beiden Begriffe *Säulendiagramm* und *Zahlenstrahl*, der offenbar als ähnlich zum Säulendiagramm empfunden wird, wie die Überschrift nahe legt.

6.2 Fallstudien zur Evaluation von Vernetzungen

Evaluationstabelle

Intendierte Vernetzung	Koordinatensystem (mit Schatzsuche)
auftretendes Muster	Zusammenhang Säulendiagramm, Zahlenstrahl (ggf. visueller Zusammenhang) Zusammenhang von Quadrat und Rechnen
zeitliche Nähe	Säulendiagramm, Zahlenstrahl
eigene Vernetzungen	Vernetzung Rechnen und Quadrate, also arithmetische und geometrische Inhalte
Niveau	☐ niedrig ☒ mittel ☐ hoch
Perspektive	☐ Mikro-Sicht ☒ beides ☐ Makro-Sicht
Bemerkungen	

Tabelle 6-2: Evaluationstabelle zu Schüler(in) A, Quelle: eigene Darstellung

Schüler(in) B: Concept Map 2

Abb. 6-2: Schüler(in) B: Concept Map 2, Quelle: eigene Darstellung

Frage ①: Was verbindest du mit dem Begriff Säulendiagramm?
Schreibe einen kurzen Text:

„Ich verbinde das Säulendiagramm mit dem Zahlenstrahl und der Multiplikation, denn der Zahlenstrahl ist fast so wie das Säulendiagramm und die Multiplikation, finde ich, kann (fast) überall vorkommen.

Frage ②: Was verbindest du mit dem Begriff Multiplikation?
Schreibe einen kurzen Text:

„Die Multiplikation kann man fast überall benutzen, bei Volumenrechnung und bei den anderen Sachen."

Beschreibung und Deutung des Inhalts der Concept Map

Die Concept Map besteht ebenfalls aus fünf umrandeten Clustern, von denen vier mit *Multiplikation* verbunden sind, die den größten Platz einnimmt, obwohl der Cluster nur diesen Begriff enthält und den Text „und mit allen gehört die *Multiplikation* dazu". Dieser Begriff ist offenbar für die Schülerin / den Schüler besonders wichtig, der Text wird allerdings nicht weiter begründet. Das könnte auf eine Makro-Sicht hindeuten bei einem funktionalem Niveau des Begriffsverständnisses.

Die anderen vier Cluster enthalten zwei Begriffe, bzw. einer davon drei Begriffe. Sie weisen mit einer Ausnahme Überschriften auf, die aus den Begriffen im Cluster gebildet sind, wie z.B. die Wortschöpfung „Wahrscheinlichkeitsbruch". Das deutet eher auf eine Mikro-Sicht hin, wobei das Niveau kaum einschätzbar ist, da die Begriffe innerhalb der Cluster nicht mit beschrifteten Verbindungslinien erklärt werden. Die Überschriften könnten eine zeitliche Nähe beim Vor-kommen im Unterricht nahe legen.

Die Ausnahme bildet der Cluster „Messung der Koordinaten und Winkel", der die Begriffe *Koordinatensystem* und *Winkel* enthält. Die Überschrift enthält konzeptionelle Aspekte zu den beiden Begriffen.

6.2 Fallstudien zur Evaluation von Vernetzungen

Intendierte Vernetzung	Koordinatensystem, Winkel
häufig auftretende Muster	Säulendiagramm, Zahlenstrahl (visuell?) Umfang, Volumen, Fläche(ninhalt)
zeitliche Nähe	Säulendiagramm, Zahlenstrahl (?)
eigene Vernetzungen	?
Niveau	☐ niedrig ☒ mittel ☐ hoch
Perspektive	☐ Mikro-Sicht ☒ beides ☐ Makro-Sicht
Bemerkungen	

Tabelle 6-3: Evaluationstabelle zu Schüler(in) B, Quelle: eigene Darstellung

Schüler(in) C: Concept Map 3

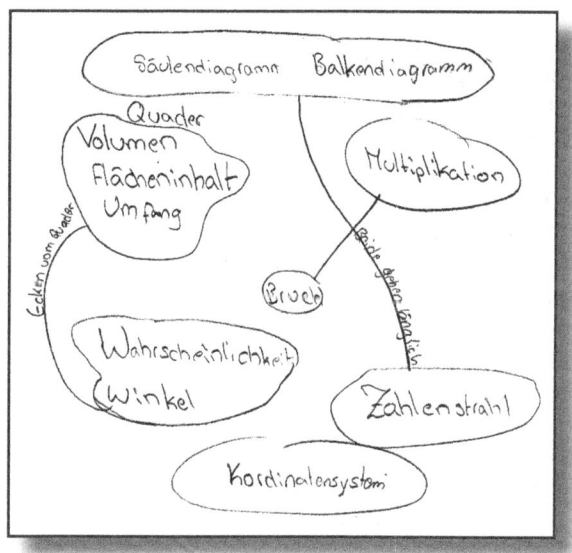

Abb. 6-3: Schüler(in) C: Concept Map 3, Quelle: eigene Darstellung

Frage ①: Was verbindest du mit dem Begriff Säulendiagramm?
Schreibe einen kurzen Text:

"Ich verbinde mit dem Säulendiagramm das Balkendiagramm, weil beide länglich (wagerecht) oder hoch gehen. Ich auch den Zahlenstrahl mit den beiden, weil sie auch länglich gehen.

Frage ②: Was verbindest du mit dem Begriff Multiplikation?
Schreibe einen kurzen Text:

"Ich verbinde Bruch mit Multiplikation."

Beschreibung und Deutung des Inhalts der Concept Map

Die Concept Map besteht aus sieben Clustern, vier ein-elementigen, zwei zwei-elementigen und einem drei-elementigen, der als einziger eine Überschrift („Quader") trägt.

Der oberste Cluster besteht aus den Begriffen *Säulendiagramm* und dem hinzugefügten Begriff *Balkendiagramm*. Von ihm geht eine Verbindungslinie zum *Zahlenstrahl*, die mit „beiden gehen länglich" beschriftet ist. Diese Vernetzung basiert also eher auf visueller Ähnlichkeit (und eventuell zeitlicher Nähe) als auf inhaltlichen Gründen. Der Begriff *Zahlenstrahl* hat einen eigenen Rahmen, der jenen um *Koordinatensystem* berührt. Die beiden Begriffe gehören also wohl eng zusammen, so dass konzeptionelle Aspekte im Begriffsverständnis vermutet werden können, eine Beschriftung fehlt jedoch.

Die beiden ein-elementigen Cluster mit *Multiplikation* und *Bruch* sind durch eine unbeschriftete Linie verbunden, was als funktionales Niveau mit Mikro-Sicht gedeutet werden kann. Ob die Nähe von *Multiplikation* zu den beiden Diagrammen und von *Bruch* zu dem Cluster mit *Wahrscheinlichkeit* und *Winkel* als Beziehung gemeint ist, kann nicht rekonstruiert werden.

Die Beziehung zwischen den Begriffen *Wahrscheinlichkeit* und *Winkel* wird nicht erläutert, sie könnte aus einem Aufgabenbeispiel (wie etwa ein Glücksrad) herrühren. Die Verbindung von *Winkel* aus dem zuletzt erwähnten Cluster mit dem Cluster „Quader" trägt die Beschriftung „Ecken vom Quader". Sie deutet auf eigene Sinngebung und Vernetzung hin, die Perspektive weitet sich in Richtung Makro-Sicht.

6.2 Fallstudien zur Evaluation von Vernetzungen

Der freie Text lässt sich wie folgt interpretieren: Es existiert eine Verbindung mit *Balkendiagramm* und „auch den *Zahlenstrahl* mit den Beiden, weil sie auch länglich gehen."

Intendierte Vernetzung	----
häufig auftretende Muster	Umfang, Volumen, Flächeninhalt; Multiplikation, Bruch; Säulendiagramm, Zahlenstrahl *(visuell begründet)*
zeitliche Nähe	Säulen- und Balkendiagramm, Zahlenstrahl (?)
eigene Vernetzungen	Winkel, Ecken vom Quader • Winkel, Wahrscheinlichkeit *Balkendiagramm* hinzugefügt
Niveau	☐ niedrig ☒ mittel ☐ hoch
Perspektive	☐ Mikro-Sicht ☒ beides ☐ Makro-Sicht
Bemerkungen	

Tabelle 6-4: Evaluationstabelle zu Schüler(in) C, Quelle: eigene Darstellung

Schüler(in) D: Concept Map 4

Frage ①: Was verbindest du mit dem Begriff Säulendiagramm? Schreibe einen kurzen Text:

„Ich verbinde zu Säulendiagramm: Rechnen."

Frage ②: Was verbindest du mit dem Begriff Multiplikation? Schreibe einen kurzen Text:

„Rechnen würde ich dazu nehmen."

Beschreibung und Deutung des Inhalts der Concept Map

Die Concept Map besteht aus zwei extrem positionierten Bereichen links oben in der Ecke und rechts unten. Der obere Bereich soll aus Begriffen bestehen, die „eng zusammen" gehören, der untere Bereich aus Begriffen, die „nicht viel miteinander zu tun" haben. Die jeweilige Anordnung der

180 6. Unterrichtliche Relevanz der Studie und mögliche Konsequenzen

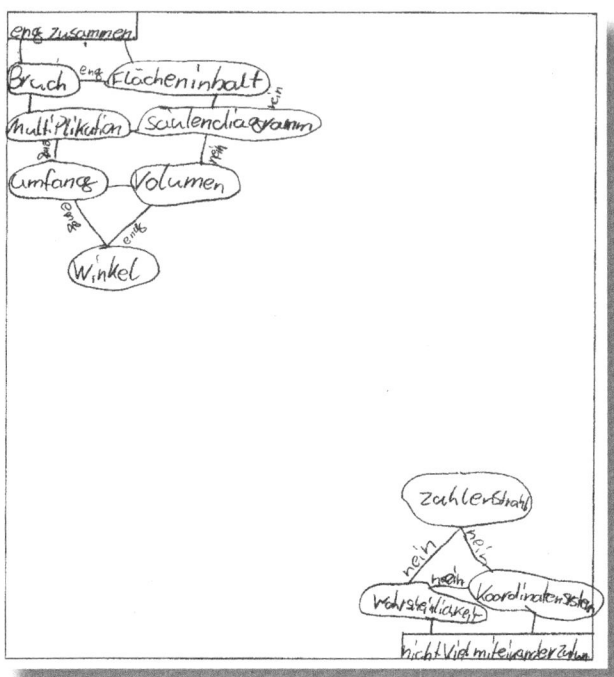

Abb. 6-4: Schüler(in) D: Concept Map 4, Quelle: eigene Darstellung

Begriffe ist einem Baumdiagramm, bestehend aus zwei Ästen, ähnlich. Jeder Begriff hat einen eigenen Rahmen und ist mit den drei (bzw. zwei) unmittelbar benachbarten Begriffen über eine Linie verbunden. Einzelne Linien sind unbeschriftet, ansonsten steht „eng" oder „nein" an der Linie. Es überrascht im oberen Bereich die zweimal vorkommende Beschriftung „nein". Im unteren Bereich stehen die Begriffe *Zahlenstrahl*, *Koordinatensystem* und *Wahrscheinlichkeit*, an deren Verbindungslinien jeweils „nein" steht.

Zumindest teilweise wirkt die Anordnung der Begriffe willkürlich, etwa dass *Flächeninhalt* und *Umfang* weit entfernt liegen. Der Schüler/die Schülerin hat möglicherweise immer nur ein Begriffs-Paar betrachtet.

Die Concept Map deutet auf eine eher enge Perspektive mit Mikro-Sicht und nominalen Niveau des Begriffsverständnisses hin. Die beiden offenen Fragen werden mit „Rechnen" beantwortet, was diese Einschätzung stützt.

6.2 Fallstudien zur Evaluation von Vernetzungen

Intendierte Vernetzung	----
häufig auftretende Muster	Umfang, Volumen; Bruch, Multiplikation *(beide Linien unbeschriftet)*
zeitliche Nähe	?
eigene Vernetzungen	----
Niveau	☒ niedrig ☐ mittel ☐ hoch
Perspektive	☒ Mikro-Sicht ☐ beides ☐ Makro-Sicht
Bemerkungen	

Tabelle 6-5: Evaluationstabelle zu Schüler(in) D, Quelle: eigene Darstellung

Abschließend möchte ich knapp den Einsatz dieses Evaluationsbogens in Klasse 11 zeigen, um deutlich zu machen, dass adaptierte Versionen dieses Instruments in allen Jahrgangsstufen der Sekundarstufe I und II eingesetzt werden können.

Zunächst gebe ich die von der Lehrperson intendierte Vernetzung wieder, bevor dann die Concept Map eines Jugendlichen aus Klasse 11 wiedergegeben wird. Es zeigt sich, dass es sehr gut möglich ist, anhand von Concept Maps mit einigen kurzen Fragen, die von den Lernenden hergestellten Vernetzungen zu evaluieren.

Begriffe Klasse 11	Ebene	Extremum	Funktion	Wahrscheinlichkeit	Gerade
	Ableitung	Vektor	Unabhängigkeit	Geschwindigkeit	

Tabelle 6-6: Intendierte Vernetzung in Klasse 11, Quelle: eigene Darstellung

Insgesamt wird anhand dieser Beispiele deutlich, wie unterschiedlich und von den individuellen Vorlieben und Präferenzen abhängig die von den Lernenden konstruierten Vernetzungen sind. Um einen nachhaltigen Mathematikunterricht zu etablieren, der nicht auf kurzfristiges Schubladendenken zielt, muss es ein zentrales Ziel des Mathematikunterrichts werden, Vernetzungen mathematischer und außermathematischer Inhalte zu fördern und deren individuelle Konstituierung durch geeignete Unterrichtsgestaltung zu ermöglichen.

Concept Map eines Lernenden aus Klasse 11

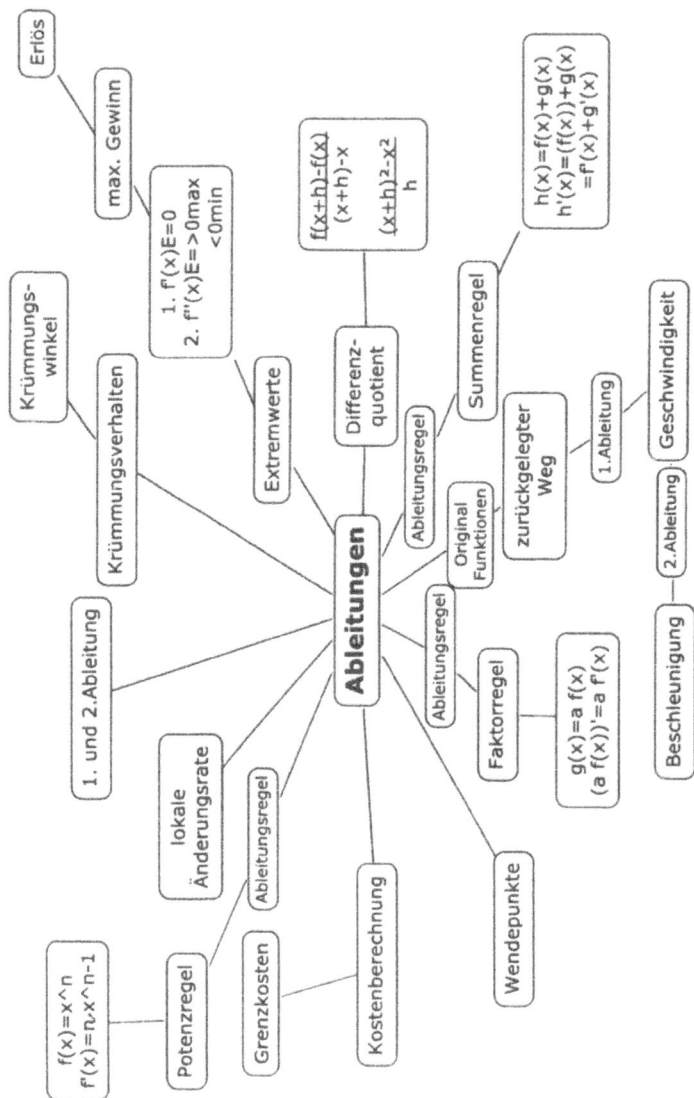

Abb. 6-5: Concept Map eines Lernenden aus Klasse 11, Quelle: eigene Darstellung

6.2 Fallstudien zur Evaluation von Vernetzungen

Insgesamt wird auf der Basis meiner Fallstudie und dieser Weiterführungen deutlich, dass Concept Maps ein hohes kognitives Potential zukommt, wenn sie im Unterricht an geeigneter Stelle regelhaft eingesetzt werden. Schülerinnen und Schüler sollten daher vor Beginn von auf Vernetzung abzielenden Unterrichtsreihen mit der Erstellung von Concept Maps vertraut gemacht werden und deren Erstellung entsprechend üben. Anfänglich kann zur Verringerung von Schwierigkeiten die Concept Map in Gruppenarbeit erstellt werden, ggf. auch mit Lehrerhilfen. Um jedoch das kognitive Potential von Concept Maps zur Entfaltung zu bringen, sollten Concept Maps langfristig individuell ohne Hilfen durch die Lehrerin bzw. den Lehrer erstellt werden. Nur so können Lernende sich über ihr eigenes Verständnis mathematischer Begriffe und deren strukturellen Beziehungen zueinander im Klaren werden und individuelle kognitive Beziehungen selbst entwickeln und entsprechend kognitiv verankern. Langfristig kann und wird dies zu individuell geprägten Zugängen zur Mathematik führen und damit zu einem verbesserten Verständnis mathematischer Inhalte und einem Abbau des Schubladendenkens von Schülerinnen und Schüler.

7 Literaturverzeichnis

Altrichter, Herbert & Posch, Peter (1998). Lehrer erforschen ihren Unterricht. Eine Einführung in die Aktionsforschung. Bad Heilbrunn: Klinkhardt.

Bauersfeld, Heinrich (1983). Subjektive Erfahrungsbereiche als Grundlage einer Interaktionstheorie des Mathematiklernens und -lehrens. In: Bauersfeld, Heinrich et al. (Hrsg.), Analysen zum Unterrichtshandeln. Köln: Aulis, S. 1-56.

Beck, Christian & Maier, Hermann (1993). Das Interview in der mathematikdidaktischen Forschung. JMD, Jg. 14, H. 2, S. 147-179.

Blum, Werner, Drüke-Noe, Christina, Kartung, Ralph & Köller, Olaf (Hrsg.) (2006). Bildungsstandards Mathematik: konkret – Sekundarstufe I: Aufgabenbeispiele, Unterrichtsanregungen, Fortbildungsideen. Berlin: Cornelsen Scriptor.

Blum, Werner & Kirsch, Arnold (1996). Die beiden Hauptsätze der Differential- und Integralrechnung. In: mathematik lehren, Heft 78, S. 60-65.

Boaler, Jo (1998). Back to basics or foreward to the future. In: Mathematics Teaching, 162, S. 6-10.

Borromeo Ferri, Rita (2004). Mathematische Denkstile. Hildesheim: Franzbecker.

Brinkmann, Astrid (1998). Kategorien der Vernetzungen durch Mathematikunterricht. In: Beiträge zum Mathomatikunterricht 1998. Hildesheim: Franzbecker, S. 140-143.

Brinkmann, Astrid (2007). Vernetzungen im Mathematikunterricht – Visualisieren und Lernen von Vernetzungen mittels graphischer Darstellungen. Hildesheim: Franzbecker.

Brinkmann, Astrid (2008): Über Vernetzungen im Mathematikunterricht – Eine Untersuchung zu linearen Gleichungssystemen in der Sekundarstufe I. Saarbrücken: VDM Verlag. Online-Publikation (2002): Duisburger elektronische Texte, URN duett-09112002-195540. *http://duepublico.uni-duisburg-essen.de/servlets/DerivateServlet/Derivate-5386/index.html* (letzter Zugriff: 8.4.2011).

Busse, Andreas (2009). Umgang Jugendlicher mit dem Sachkontext realitätsbezogener Mathematikaufgaben. Hildesheim: Franzbecker.

Bybee, Rodger W. (2002). Scientific Literacy – Mythos oder Realität? In: Gräber, Wolfgang (Hrsg.), Scientific Literacy: der Beitrag der Naturwissenschaften zur allgemeinen Bildung. Opladen: Leske & Budrich, S. 21-44.

Euba, Winfried (2006). Reisetagebücher in Klasse 5/6 – ein Erfahrungsbericht. In: Praxis der Mathematik in der Schule, Jg. 48, Heft 7, S. 25-30.

Dörner, Dietrich (1997). Die Logik des Misslingens. Reinbek: Rowohlt.

Fischer, Roland (1988). Mittel und System: Zur sozialen Relevanz der Mathematik. In: Zentralblatt für Didaktik der Mathematik, Jg. 20, Heft 1, S. 20-28.

Flick, Uwe (2000). Qualitative Forschung. Reinbek: Rowohlt (5. Auflage).

Flick, Uwe, von Kardorff, Ernst, Keupp, Heiner, von Rosenstiel, Lutz & Wolff, Stephan (1995). Handbuch Qualitative Sozialforschung. Weinheim: Beltz.

Flick, Uwe, Kardorff, Ernst von & Steinke, Ines (Hrsg.) (2005). Qualitative Forschung. Ein Handbuch. Reinbek: Rowohlt.

Freudenthal, Hans (1973). Mathematik als pädagogische Aufgabe. Stuttgart: Klett.

Gerhardt, Uta (1991). Typenbildung. In: Flick, Uwe et al. (Hrsg.), Handbuch Qualitative Sozialforschung, Grundlagen, Konzepte, Methoden und Anwendungen. München: Psychologie Verlags Union, S. 435-439.

Grabinger, Benno (1973). Stochastik mit DERIVE (Lehrgang für die Sekundarstufe II). Bonn: Ferd. Dümmlers Verlag.

Haken, Hermann & Haken-Krell, Maria (1997). Gehirn und Verhalten unser Kopf arbeitet anders, als wir denken. Stuttgart: DVA.

Hasemann, Klaus (1992). Individuelle mathematische Denkprozesse. Eine empirische Untersuchung zur Überprüfung der Zuverlässigkeit des „concept mapping". Band 42 der Schriftenreihe aus dem FB Erziehungswissenschaften I der Universität Hannover: Universität Hannover.

Hempel, Carl (1971). Typologische Methoden in den Sozialwissenschaften. In: Topitsch, Ernst (Hrsg.), Logik der Sozialwissenschaften. Köln: Kiepenheuer & Witsch, S. 85-103.

Henn, Hans-Wolfgang (1997). Realitätsnaher Mathematikunterricht mit DERIVE. Bonn: Dümmlers Verlag.

Herrmann, Ulrich. (Hrsg) (2006). Neurodidaktik. Grundlagen und Vorschläge für gehirngerechtes Lehren und Lernen. Weinheim: Beltz.

7 Literaturverzeichnis

vom Hofe, Rudolf (1995). Grundvorstellungen mathematischer Inhalte. Heidelberg: Spektrum.

vom Hofe, Rudolf & Alexander, Jordan (Hrsg.) (2009). Wissen vernetzen, Geometrie und Algebra. mathematik lehren, Heft 154.

Hopf, Christel (1995). Qualitative Interviews – ein Überblick. In: Flick, Uwe, von Kardorff, Ernst, Steinke, Ines (2005). Qualitative Forschung. Ein Handbuch. Reinbek: Rowohlt, S. 349-366.

Humboldt, Wilhelm von (1920). Gesammelte Schriften. Bd. 13. Darin: Der königsberger und der litauische Schulplan, Berlin: B. Behr's Verlag, S. 259-283.

Humenberger, Johann & Reichel, Hans-Christian (1995). Fundamentale Ideen der Angewandten Mathematik. Mannheim: BI-Wissenschaftsverlag.

Hussmann, Stephan (2003). Mathematik entdecken und erforschen. Berlin: Cornelsen Verlag.

Jungwirth, Helga (2003). Interpretative Forschung in der Mathematikdidaktik – ein Überblick für Irrgäste, Teilzieher und Standvögel. In: Zentralblatt für Didaktik der Mathematik, Jg. 35, Heft 5, S. 189-200.

Kaiser, Gabriele (1999). Unterrichtswirklichkeit in England und in Deutschland. Weinheim: Deutscher Studien Verlag.

Kelle, Udo (2007). Die Integration qualitativer und quantitativer Methoden in der empirischen Sozialforschung: Theoretische Grundlagen und methodologische Konzepte. Wiesbaden: Verlag für Sozialwissenschaften.

Kelle, Udo; Kluge, Susann (2010). Vom Einzelfall zum Typus. Fallvergleich und Fallkontrastierung in der qualitativen Sozialforschung. Wiesbaden, Verlag für Sozialwissenschaften (2. überarbeitete Aufl.).

Kuckartz, Udo (1988). Computer und verbale Daten. Chancen zur Innovation sozialwissenschaftlicher Forschungstechniken. Frankfurt: Lang Verlag.

Klein, Felix (1968a). Elementarmathematik vom höheren Standpunkte aus. Erster Band: Arithmetik, Algebra, Analysis. Berlin: Verlag von Julius Springer. Nachdruck der 4. Aufl. 1933.

Klein, Felix (1968b). Elementarmathematik vom höheren Standpunkte aus. Zweiter Band: Geometrie. Berlin: Verlag von Julius Springer. Nachdruck der 3. Aufl. 1925.

Kiesswetter, Karl (1993). Vernetzung als unverzichtbare Leitidee für den Mathematikunterricht. In: mathematik lehren, Heft 58, S. 5-7.

Kiesswetter, Karl (1994). Vernetzung und Beweglichkeit beim Repräsentieren sind unverzichtbare Bestandteile von mathematischen Prozessen. In: Der Mathematikunterricht, Jg. 40, Heft 3, S. 42-48.

Klippert, Heinz (1996). Methoden-Training: Übungsbausteine für den Unterricht. Weinheim: Beltz (4. Auflage).

Mayring, Philipp (2003). Qualitative Inhaltsanalyse. Weinheim: UTB, Deutscher Studien Verlag (8. Aufl.).

Meraner Lehrpläne für Mathematik (1905). Abgedruckt in: Klein, Felix (1907), Vorträge über den mathematischen Unterricht an den höheren Schulen. Teil 1 – Anhang. Leipzig: Teubner Verlag, S. 208-220.

Ossimitz, Günther (1994). Was kann der Mathematikunterricht zum systemischen Denken und Handeln beitragen? In: Zentralblatt für Didaktik der Mathematik, Jg. 26, Heft 6, S. 196-200.

Ossimitz, Günther (1995). Systemisches Denken und Modellbilden - Konzeptpapier für den Workshop „Systemisches Denken – Lehren und Lernen mit Simulations- und Modellbildungssystemen". Tübingen: Deutsches Institut für Fernstudienforschung.

Reichel, Hans-Christian, Müller, Robert, Hanisch, Günter (1999). Lehrbuch der Mathematik Klasse 8. Wien: öbv & hpt Verlagsgesellschaft (3. Aufl.).

Reichel, Hans-Christian, Zöchling, Johann (1990). Tausend Gleichungen und was nun? Computertomographie als Einstieg in ein aktuelles Thema des Mathematikunterrichtes. In: Didaktik der Mathematik, Heft 4, S. 245-270.

Ruf, Urs, Gallin, Peter (1998). Dialogisches Lernen in Sprache und Mathematik. Band 2: Spuren legen – Spuren lesen. Seelze-Velber: Kallmeyersche Verlagsbuchhandlung.

Schmidt, Siegbert (1993). „Sachrechnen" - Lehrerinnen und Lehrer als Experten für ein ‚Leben mit der Arithmetik'? In: mathematik lehren • Heft 58, S. 18-22.

Schmidt, Siegbert (1994). Logik - Vernetzung – Selbstbezüglichkeit. In: Der Mathematikunterricht, Jg. 40, Heft 3, S. 6-12.

Sjuts, Johann (2003). Metakognition per didaktisch-sozialem Vertrag. In: Journal für Mathematik-Didaktik, Jg. 24, Heft 1, S. 18-40.

7 Literaturverzeichnis

Spitzer, Manfred (1996). Der Geist im Netz. Heidelberg: Spektrum Akademischer Verlag.

Spitzer, Manfred (2002). Lernen, Gehirnforschung und die Schule des Lebens. Heidelberg: Spektrum Akademischer Verlag.

Spitzer, Manfred (2004). Selbstbestimmen. Heidelberg: Spektrum Akademischer Verlag.

Stern, E.; Schneider, M. (2010). A digital road map analogy of the relationship between neuroscience and educational research. In: ZDM – The International Journal on Mathematics Education, 42 (6), S. 511-514.

Tietze, Uwe-Peter, Klika, Manfred, Wolpers, Hans (1997). Mathematikunterricht in der Sekundarstufe II. Band 1: Fachdidaktische Grundfragen. Band 1: Didaktik der Analysis: Braunschweig, Wiesbaden: Vieweg.

Weth, Thomas (1999). Kreativität im Mathematikunterricht. Begriffsbildung als kreatives Tun. Hildesheim: Franzbecker.

Winter, Heinrich (1993). Mathematisches Grundwissen für Biologen. Heidelberg: Spektrum Akademischer Verlag.

Winter, Heinrich (1995). Mathematikunterricht und Allgemeinbildung. In: Mitteilungen der Gesellschaft für Didaktik der Mathematik, Dezember 1995, Heft 61, S. 37-46.

Wolf, Fred (2005). Symmetry, Multistability, and Long-Range Interactions in Brain Development. In: Physical Review Letters, Jg. 95, S. 208701-1-208701-4.

Zais, Thomas, Grund, Karl-Heinz (1991). Grundpositionen zum anwendungsorientierten Mathematikunterricht bei besonderer Berücksichtigung des Modellierungsprozesses. In: Der Mathematikunterricht, Jg. 37, Heft 5, S. 4-17.

The manufacturer's authorised representative in the EU is Springer Nature Customer Service Centre GmbH, Europaplatz 3, 69115 Heidelberg, Germany. If you have any concerns regarding our products, please contact ProductSafety@springernature.com

Printed and bound by CPI Group (UK) Ltd, Croydon, CR0 4YY

25/03/2026

02078222-0001